PETIT GUIDE PRATIQUE

DE LA CULTURE

DES

ORCHIDÉES

Pa_ _ _ _ _ _

_ _ _ULTEU_

_Z L'AUTEUR

8, R___ DE L'ERMITAGE, A VERSAILLES

Et dans les Librairies horticoles.

—

1894

PETIT GUIDE PRATIQUE

DE LA CULTURE

DES

ORCHIDÉES

Par L. DUVAL

HORTICULTEUR

CHEZ L'AUTEUR

8, RUE DE L'ERMITAGE, A. VERSAILLES

Et dans les Librairies horticoles.

—

1894

A la mémoire de mon fils

Maurice DUVAL

je dédie ce petit livre.

PRÉFACE

Il y a un peu plus de dix ans, dans un jour de dépit, nous avons tenu dans nos mains quelques malheureuses Orchidées... qui avaient le grave tort de vouloir s'obstiner à ne pas végéter et surtout à ne pas fleurir ; il est vrai de dire que nous les traitions d'une façon barbare. C'étaient des Odontoglossum crispum et nous voulions les cultiver dans notre serre à multiplier ! Ce qui ne nous empêchait pas dans notre colère injuste de déclarer que les Orchidées étaient des plantes difficiles à cultiver, qu'on ne savait par quel bout les prendre, que c'étaient des plantes bonnes pour les gens très riches..... et autres sottises du même genre. Nos idées ont bien changé depuis, grâce aux exemples venant de confrères mieux avisés que nous, grâce aussi aux renseignements que nous avons puisés dans les livres écrits par des maîtres et dont la lecture est pleine d'excellents conseils pour un horticulteur.

Notre manière de voir s'est tellement modifiée que, à notre tour, nous écrivons ce petit livre pour établir que les Orchidées sont les plantes les plus faciles à cultiver. On nous excusera pour cette fois de parler de nous-même; c'est dans le but de rassurer le lecteur, en lui disant que, depuis l'époque où nous étions si mal disposé en faveur des Orchidées, il nous en a passé quelques milliers entre les mains, ce qui nous a donné un peu de cette expérience que nous cherchons aujourd'hui à faire partager au lecteur.

En réalité, ce petit guide est tout spécialement écrit pour les personnes qui se sentiront du goût pour ces plantes si charmantes, et pour nos chers collègues les jardiniers. Ceux-ci surtout sont souvent désignés dans les journaux horticoles comme les ennemis jurés des Orchidées. On y prétend même qu'ils en ont peur et qu'ils n'aiment pas voir leurs maîtres en acheter parce qu'elles leur amènent un surcroît de travail, et parce qu'elles leur suscitent des reproches

Nous ne voudrions pas leur donner raison absolument; d'un autre côté, nous trouvons qu'ils n'ont pas tout à fait tort, puisque nous écrivons ce petit livre pour chercher à les rassurer, pour faire cesser un état de choses qui nous paraît tenir d'un malentendu, et pour leur fournir les moyens les plus simples d'arriver avec peu d'efforts, et surtout peu de dépense, à réussir dans une culture que jusqu'ici beaucoup considéraient, à tort, comme impossible.

Nous n'avons pas la prétention de nous substituer aux savants écrivains horticoles, qui ont traité de la question avec une grande science et une connaissance approfondie de la matière. Nous avons voulu sous forme de causerie donner les éléments les plus essentiels de la culture; nous désirons que les personnes qui auront ce petit livre entre les mains puissent le placer dans la poche et le consulter comme elles nous consulteraient nous-même si nous avions pu mériter leur confiance; rappelons-leur cependant qu'il faut aimer les plantes pour les bien cultiver; ceux qui sauront se passionner pour leur collection — grande ou petite — sauront vite suppléer par leur propre initiative à ce qui aurait pu nous échapper dans notre modeste petit traité, pour lequel nous sollicitons l'accueil bienveillant du lecteur et son indulgence.

L. Duval.

LES ORCHIDÉES

CHAPITRE PREMIER

Quelques explications essentielles sur les Orchidées

Presque toutes les personnes qui visitent les serres
à Orchidées et qui n'ont aucune idée de ces plantes
— et c'est absolument pour cette catégorie de lecteurs
que ce petit livre est écrit — ne manquent pas de
questionner l'horticulteur à leur sujet, et l'obligent à
faire, sous forme de conversation, un petit cours de
botanique descriptive sur ces curieux végétaux, sans
compter les questions touchant leur culture, leur
délicatesse, la chaleur qu'il leur faut, etc., etc. A
toutes ces demandes, l'horticulteur répond de son
mieux ; mais, comme nous l'avons constaté souvent,
les choses dites ainsi risquent fort d'être oubliées.
Essayons donc ici de fixer un peu les idées de nos
lecteurs en leur expliquant ce que sont les Orchidées.

Dans notre France et dans une partie de l'Europe,
on trouve dans les bois, dans les prairies humides, au

flanc des coteaux, dans les terrains propices, de très jolies plantes que le vulgaire appelle des pentecôtes, que les botanistes nomment des orchis ou des ophrys. Ces plantes ont souvent des fleurs bizarres, dont certaines même ressemblent, à s'y méprendre, à des mouches, à des araignées ou à des abeilles ; certaines ont aussi les fleurs en épis, serrées ; d'autres, comme le Cypripedium calceolus, ressemblent à un charmant petit sabot. Un orchidophile distingué, M. Mantin, cite les montagnes des Alpes-Maritimes comme extrêmement riches en orchis de toute nature.

Ce sont là les Orchidées de nos pays, gracieuses plantes que les personnes qui aiment à se promener ne connaissent guère que pour les bouquets qu'elles en font, et que le botaniste recherche avec patience, car il y a des espèces relativement fort rares. Leurs feuilles sont charnues, leurs racines grasses, longues, affectant parfois la forme de bulbes renflés gros comme une noix, souvent très profondément enfoncés dans le sol. En somme, cette famille très intéressante est représentée dans nos pays par des individus déjà très curieux, mais combien plus extraordinaires sont celles que nous allons voir tout à l'heure.

Parmi les Orchidées des pays tropicaux, les unes, semblables à celles de nos forêts, croissent en terre, généralement dans les détritus des végétaux ; les autres, sur les branches d'arbres, sur les roches, sur les troncs des Fougères ou des Palmiers, partout enfin où elles trouvent un support pour leurs racines et un endroit favorable à leur développement.

Elles recherchent de préférence les endroits éclairés et ne viennent que rarement dans l'intérieur des forêts. C'est toujours à la cime des arbres qu'on les trouve, mais fixées à l'extrémité des branches, ce qui explique leur besoin de lumière. La forme de leurs fleurs, leur aspect général, leur originalité est tellement grande que ces plantes, à leur apparition, ont eu pour le public un caractère quasi mystérieux : on en parlait avec respect et presque avec crainte ; il n'y avait, disait-on, que les gens très riches qui pouvaient se payer le luxe des Orchidées. Le nom de l'illustre Pescator n'est-il pas là comme presque légendaire ? A lui seul, il a plus fait pour les Orchidées que tout autre.

Et, ma foi, on avait raison ; il est certain que, du temps du célèbre collectionneur, une Orchidée, qui vaut aujourd'hui cinq francs, en valait cinq cents et plus ! N'a-t-on pas augmenté encore le prestige de ces plantes en créant des légendes absurdes : il leur fallait quarante degrés de chaleur, des serres spéciales, des jardiniers faits tout exprès pour elles. Encore de nos jours, combien de sottises entend-on débiter dans les expositions devant des lots d'Orchidées par des personnes qui pourtant devraient être mieux renseignées.

Mais revenons à nos plantes. Celles qui croissent dans le sol sont appelées terrestres, exemple : les Cypripedium, les Masdevallia, les Lycastes, etc. ;

celles qui sont attachées aux arbres et aux rochers sont appelées épiphytes, et non pas parasites, mot mal employé et qui ne doit pas être appliqué aux orchidées. Parmi les épiphytes, il y en a qui sont purement aériennes : les Phalænopsis, les Oncidium papilio, certains Vanda ; il y en a qui croissent, ainsi que nous l'avons dit, tantôt sur les branches d'arbres, tantôt sur les rochers, comme les Cattleya, les Lælia, les Odontoglossum, etc.

Les Orchidées ne sont jamais ligneuses ; leur texture est plutôt charnue, grasse et gonflée d'humidité ; dans beaucoup d'espèces, les feuilles sont supportées par une sorte de tige renflée qu'on appelle pseudo-bulbe, comme dans les Cattleya, les Lælia ; quelquefois le pseudo-bulbe affecte la forme d'une figue aplatie ou d'un fruit comme chez les Lycastes, les Odontoglossum, et certains Oncidium ; d'autres, comme les Vanda, ont leurs feuilles réunies en éventail et prennent de grandes proportions. Les espèces terrestres, comme les Cypripedium, ont souvent de très jolies feuilles marbrées ou ornées de dessins bizarres.

Il n'y a pas d'Orchidée qui ne soit curieuse ; toutes sont, à divers points de vue, intéressantes. Cependant il est certain qu'on doit savoir borner ses plaisirs et qu'il serait difficile à un amateur commençant de réunir dans sa serre plus de quelques douzaines d'espèces, déjà suffisantes pour l'intéresser ; car à l'heure actuelle on en connaît plus de six mille,

répandues sur la surface du globe : dans les Améri-
ques, les Antilles, le Mexique, la Chine, le Japon,
Madagascar, les Indes, l'Australie même.

Ces plantes ont une vitalité énorme, prodigieuse
même ; il n'est pas rare de voir des Orchidées, ayant
voyagé pendant trois ou quatre mois dans les plus
mauvaises conditions, se remettre à végéter. C'est
peut-être la meilleure recommandation qu'on puisse
faire de ces plantes, si difficiles à faire mourir.

Toutes ces questions se traiteront dans les chapitres suivants. Nous espérons avoir fait comprendre
au lecteur ce que sont les Orchidées qui, par leur
beauté, leur étrangeté ou la richesse de leurs fleurs,
sont en rapport avec les merveilleux insectes ou les
oiseaux superbes des pays tropicaux ; mais avec
cette différence appréciable que jamais on n'a pu ac-
climater ou conserver, ni les insectes aux ailes d'or
ni les colibris aux mille feux d'escarboucles, tandis
qu'il est possible, à très peu de frais et avec un peu
d'attention, de se procurer la satisfaction de voir fleurir
les plus admirables produits de la flore tropicale.

CHAPITRE II

Des importations et de la valeur de certaines Orchidées.

Nous avons déjà dit, dans le précédent chapitre, combien était fausse la légende qui s'était faite autour des Orchidées; elle est d'autant plus à combattre que nombre de personnes, qui redoutent la présence de celles-ci dans leurs serres, possèdent des plantes bien plus difficiles à cultiver. Il suffirait de nommer les Crotons, les Caladium, les Anthurium, certaines Mélastomées, et entre autres les charmantes Sonérila, qui donnent aux jardiniers dix fois plus de mal à soigner que la plus difficile des Orchidées.

Quant à la question de leur prix, essayons de l'expliquer. Les Orchidées coûtent d'autant plus cher qu'elles viennent de contrées plus éloignées, souvent inaccessibles, situées à de grandes distances des ports d'embarquement. Mais, nous l'avons déjà dit, actuellement on peut avoir pour quelques francs des plantes qui valaient, il y a seulement vingt ans, plusieurs dizaines de francs. Cependant il est tou-

jours des choses qui effraient les amateurs commençants ou les personnes qui ne se font une opinion
que par ce qu'elles entendent dire. Ce qui les décou-
rage le plus, c'est d'apprendre que telle Orchidée
s'est vendue 2,000 francs, 4,000 francs, 10,000
francs! Avouons-le, aux yeux de celui qui n'y connaît
rien, c'est effrayant, et pour celui qui veut exploiter
la crédulité du propriétaire, c'est excellent. « Pen-
sez donc, Monsieur, comment voulez-vous songer à
acheter des plantes qui valent des milliers de francs?
C'est impossible! jamais on ne pourra aborder des
plantes si coûteuses. » C'est là le raisonnement que
tiennent certains jardiniers à leurs maîtres quand ils
ne veulent pas voir ceux-ci leur acheter des Orchidées.

Mon Dieu, je sais bien qu'ils sont guidés par une
idée fixe, celle qui consiste à voir dans ces plantes
des végétaux impossibles à cultiver et qui leur atti-
reront des reproches et des ennuis. Mais là n'est pas
la question, et, s'il y a des Orchidées qui se vendent
fort cher, il importe, par une explication franche,
de nature à bien fixer l'esprit du lecteur, de montrer
pourquoi certaines plantes atteignent ces prix élevés.
Essayons.

Les orchidées sont excessivement variées dans
leurs formes, nous l'avons dit. Si quelques espèces
se trouvent dans leur pays, par milliers, toutes semblables ou à peu près, d'autres, au contraire, et c'est
le cas, assez rare chez les Cypripedium, moins rare

pour les Cattleya, offrent des variations bizarres et curieuses.

Ainsi une espèce à fleurs mauves très intense et importée en grande quantité donnera tout à coup un pied qui fournira des fleurs d'un blanc très pur. Eh bien ! selon la beauté de celles-ci, l'extrême pureté de leur couleur blanche, cette plante, qui constitue une très grande rareté, pourra atteindre un prix fort élevé, étant donné justement que des amateurs fortunés ou simplement passionnés se la disputeront ; et elle aura une valeur d'autant plus considérable que lesdits amateurs seront à peu près convaincus qu'elle restera longtemps rare et quelquefois même introuvable.

Chaque espèce comporte, pour ainsi dire, de ces variations, de ces exceptions souvent étonnantes, quelquefois simplement bizarres, mais en tout cas toujours très recherchées des vrais amateurs. Il ne faut donc pas s'étonner s'il se produit des exagérations dans les appréciations : c'est une question de passion, de tempérament d'acheteur ; c'est en un mot l'offre et la demande. Car s'il y a une variété unique de cette rareté, elle pourra valoir dix mille francs ; s'il y en a cinq ou plus, il est évident que le prix en sera moindre.

A côté de la question de rareté et de bizarrerie il y a aussi la beauté des exemplaires, leur forme parfaite. Il arrive qu'un collecteur trouve une touffe d'Orchidées si belle, si bien faite de tous points qu'il la transporte à grands frais jusqu'au port d'embarquement. Si cette touffe, cet exemplaire, ainsi qu'on le nomme, parvient en Europe dans des conditions excellentes, il acquiert de ce fait une valeur souvent très grande.

Voilà, en résumé, pourquoi ces prix que le public trouve exagérés jusqu'à la folie sont absolument justifiés, et pourquoi les personnes qui suivent le mouvement du marché et les mérites des espèces introduites ne s'effraient pas de voir figurer ces chiffres dans les annales consacrées spécialement aux plantes qui nous occupent ici.

Il n'y a pas que les plantes importées qui puissent valoir de grands prix, il y a aussi les semis obtenus en Europe par les semeurs habiles qui, patiemment et très savamment, croisent entre elles les espèces les plus dignes de leur attention. C'est une des plus splendides conquêtes de l'horticulture, celle qui consiste à créer (littéralement pour ainsi dire) des plantes dont le nom d'hybrides veut tout dire.

Il ne peut entrer dans notre idée de chercher à décrire ici les opérations si curieuses de l'hybridation et les résultats qu'elle donne aux hommes éminents qui ont su en faire une science ; mais citer les noms de Dominy, de Seden, en Angleterre, de Bleu et de Page, en France, c'est dire au lecteur que ces semeurs ont obtenu des plantes excessivement remarquables, dont la valeur, souvent très grande, a contribué pour beaucoup à l'immense succès des Orchidées, provoquant un mouvement d'argent parfois considérable.

Les personnes qui ne savent pas ce que c'est qu'une Orchidée ne seront pas médiocrement étonnées quand nous leur dirons que, pour obtenir des plantes de force à fleurir, les semeurs sont obligés d'attendre en moyenne 7, 8, 10 ans et quelquefois davantage ; il est donc juste qu'ils soient récompensés de leur attente.

A propos de ces plantes, ajoutons qu'il faut s'attacher à les bien connaître : il est utile de savoir distinguer ce qui constitue une belle forme de fleur, sa coloration, sa bonne tenue, en s'adressant à des cultivateurs qui en voient tous les jours. Ceux-ci seront en mesure de renseigner l'amateur ; il est certain qu'ils y apporteront leurs idées personnelles. Il y a aussi des ouvrages spéciaux sur la matière qui font autorité ; ils sont comme une sorte de panthéon des plantes où se trouvent inscrites au livre d'or les variétés les plus remarquables des merveilleux végétaux qui nous occupent.

Le plus modeste amateur doit toujours examiner attentivement les fleurs de ses Orchidées, surtout si ce sont des importations : il y trouvera d'abord une distraction charmante ; d'autre part, son goût se formera. Tout d'abord, il commencera par trouver tout magnifique et croira souvent posséder une merveille alors qu'il aura tout simplement une bonne plante ; mais qu'importe. Avec le goût, la connaissance viendra ; les discussions surgiront et avec elles la lumière se fera petit à petit dans son esprit.

J'ignore si tous les cultivateurs penseront comme moi, mais je sais bien que, en ce qui me concerne, je considère tout à la fois comme un honneur et un grand plaisir d'initier ainsi à la connaissance des belles plantes des personnes qui n'y attachaient qu'un médiocre intérêt. J'en connais même qui ont si bien profité de mes faibles conseils qu'actuellement elles sont parfaitement au courant de la beauté de certains espèces et qu'elles savent très bien estimer telle ou telle variété d'un Cattleya ou d'un Odontoglossum à sa juste valeur, se rendant parfaitement compte non seulement de son prix, mais aussi du parti pécunier qu'elles en pourront tirer. C'est là un résultat très satisfaisant et très flatteur pour nous et qui prouve que nos leçons ont profité.

CHAPITRE III

Traitant de la rusticité des Orchidées.

Ce chapitre sera forcément très court : il a pour objet de répéter ce qui a été dit tant de fois, à savoir que les Orchidées sont des plantes extraordinairement rustiques et résistantes ; leur nature même l'explique suffisamment.

En effet, si l'on regarde une Orchidée un peu attentivement, on s'aperçoit tout de suite, surtout en ce qui concerne les Cattleya, les Lælia, les Odontoglossum, les Oncidium, etc., que ces plantes ont dans leurs pseudo-bulbes des organes qui contiennent des principes nutritifs suffisants pour résister très longtemps à un état de sécheresse assez grand. Ce que l'on appelle l'œil ou la pousse future est à l'état latent à la base de ces pseudo bulbes. En y regardant de près, on le voit très bien conformé et prêt à se développer. Si on ne fournit pas à cet œil les moyens de le faire, soit par l'humidité, soit par la chaleur, il pourra rester pendant des mois entiers sans donner signe de végétation. Cette organisation toute spéciale permet à beaucoup d'Orchidées de rester fort longtemps sans végéter et de supporter des températures assez basses, du moment qu'elles sont tenues sèches.

Il est évident que peu de plantes de nos serres réputées les plus solides supporteraient aussi facilement des conditions semblables. Cela provient de ce qu'elles tiennent au sol par leurs racines, lesquelles ont besoin pour vivre de trouver dans celui-ci l'humidité et les éléments de nourriture nécessaires qu'elles transmettent à la plante ; tandis que l'Orchidée, plante épiphyte par excellence, trouve dans les réservoirs naturels de sève qu'on appelle bulbes, pseudo-bulbes ou racines charnues, des éléments suffisants pour entretenir, à l'état latent, une vitalité qui n'attend qu'un milieu favorable pour se révéler.

Voilà, pour les personnes qui n'y sont pas initiées, l'explication la plus simple de la rusticité des Orchidées ; et, pour nous servir d'une expression de jardinier très compréhensible, les Orchidées ne peuvent pas, comme beaucoup de plantes puisant leur vie même dans le sol, attraper ce qu'on appelle dans le jardinage : un coup de soif, accident si souvent mortel pour les Palmiers, les Fougères, les plantes molles et même les plantes dures, qui n'y résistent guère, tandis que l'Orchidée bien soignée, voyant brusquement cesser ces soins par le fait d'un oubli, ne mourra pas parce qu'elle aura manqué d'eau, même pendant un laps de temps assez grand. On a souvent constaté ce fait, dans les cultures, qu'une Orchidée oubliée sur une tablette ou dans un coin de serre se recroqueville, les bulbes ou pseudo-bulbes semblent avoir perdu tout aspect de vie. Si cet état ne s'est pas prolongé au delà d'une période trop grande, on voit la plante se regonfler, les tissus reprendre leur élasticité, la vie renaître enfin dans ce végétal qui paraissait perdu.

Nous ne citons ces faits que pour bien faire voir la résistance des Orchidées. Est-il besoin d'ajouter qu'il y a des exceptions et que certaines espèces, ne possédant pas des organes aussi complets, sont beaucoup moins résistantes ; mais ici nous parlons à de futurs amateurs, nous avons à nous occuper des choses en général et nous ne pouvons pas traiter des exceptions, ce qui nous entraînerait beaucoup trop loin et n'ajouterait rien à ce que nous venons de dire touchant la grande rusticité des Orchidées.

CHAPITRE IV

Sur la question de savoir si l'on peut utiliser les serres déjà construites.

La première question qui vient aux lèvres de l'acheteur, qu'il soit propriétaire ou jardinier, est invariablement celle-ci : « Puis-je cultiver les Orchidées chez moi, je n'ai qu'une serre tempérée et une serre chaude ; elles n'ont pas été construites pour cette culture et l'on m'a dit qu'il faut des serres tout à fait spéciales? » Combien de fois avons-nous dû répondre à cette question et nous étendre sur ce sujet, tout en étant obligé de dire à notre honorable questionneur qu'effectivement les horticulteurs qui font de l'Orchidée une culture spéciale sont bien obligés de concentrer leurs plantes dans des serres disposées spécialement à cet effet, qu'ils sont obligés aussi de les confier à des mains expérimentées. Mais cela résulte d'une série de faits dont le plus sérieux concerne la valeur même des plantes, leur grand nombre et la régularité qui doit exister dans un établissement dont les cultures ont un caractère industriel.

Si toutes ces questions existent pour l'horticulteur,

il n'en est pas de même pour l'amateur, à moins que celui-ci ne fasse construire des serres tout spécialement pour ses Orchidées; mais s'il désire se servir de son matériel existant, rien, absolument rien, ne s'y oppose. Nous allons voir seulement quelles sont les améliorations qu'il doit chercher à y apporter.

Nous commencerons par les serres dites adossées. Certains cultivateurs les estiment peu favorables à la culture; nous serons moins rigoureux et nous les admettrons parfaitement, si elles sont situées au midi pour une serre chaude, au couchant pour une serre tempérée ou froide.

Si nous supposons que nous avons affaire à de petites serres, la transformation, si besoin est, ne sera pas grande. Il suffira de faire percer des ouvertures en forme de trappes dans le mur du devant de la serre, de façon que ces ouvertures soient au-dessous des tuyaux de chauffage. Si cela était rendu difficile par une allée passant devant la serre ou par une question de niveau, nous voudrions voir placer, comme dans le dessin de la figure I, un conduit quelconque qui irait sortir à un ou deux mètres pour se redresser ensuite et servir ainsi de prise d'air; il sera pratiqué des vasistas dans la partie haute de la serre; ces prises d'air du bas comme du haut peuvent être réparties de deux mètres en deux mètres; cela n'a pas une grande importance.

Autant que possible, on aura l'eau dans la serre même : l'ombrage de celle-ci ne sera jamais fait avec

Serre adossée avant sa transformation

Fig. I

Serre adossée après sa transformation

du blanc ou une couleur quelconque, mais avec des claies ou des toiles, lesquelles seront placées de façon à se dérouler au-dessus du vitrage, en laissant un espace d'au moins dix centimètres et plus si l'on peut. Les uns préfèrent les toiles, les autres les claies ; il n'y a pas là matière à discussion ; nous nous servons de claies et nous nous en trouvons bien.

Dans n'importe quelle circonstance, on n'emploiera le chauffage à la fumée, et on ne laissera non plus aucun conduit à fumée, ni aucune chaudière dans la serre. Les tuyaux de chauffage contenant l'eau doivent seuls servir à entretenir une chaleur douce et régulière.

Nous n'avons pas dit si la serre pouvait être en fer ou en bois. Si elle est en bois, cela vaut mieux ; si elle est en fer, ce n'est pas là un obstacle à la culture des Orchidées, car nous en connaissons de fort belles cultivées dans des serres en fer. Et il nous suffira de citer le nom de notre grand semeur Bleu pour appuyer notre dire.

Il faudra, bien entendu, organiser un peu les tables et les couvrir de petits cailloux très propres ; d'autres cultivateurs y placent des sortes de fortes claies en bois de pitch-pin ; c'est aussi excellent. Tout ce qui vient d'être dit peut s'appliquer aux serres à deux pentes, étant donné que, autant que possible, leur orientation sera du nord au sud. Plus la serre contiendra d'atmosphère, plus les plantes y seront à leur aise. Mais nous parlons ici des serres déjà construites

2

et nous ne voulons pas oublier que nous ne devons susciter aux amateurs aucun obstacle sérieux. Toutes ces petites observations dont nous venons d'entretenir le lecteur ne nous paraissent pas de nature à le décourager, car elles se résument à bien peu de dépenses et sont du domaine d'un simple ouvrier un peu intelligent.

CHAPITRE V

Où il est expliqué qu'on peut cultiver les Orchidées avec d'autres plantes de serres.

Quand un amateur visite les établissements spéciaux à la culture des Orchidées, il est frappé par ce fait qu'il voit ces plantes admirablement rangées dans des serres où elles figurent seules, et il part de là pour en conclure qu'il ne lui sera pas possible d'avoir des Orchidées parce qu'il ne pourra pas consacrer une serre tout entière à ces plantes.

Chaque fois que nous donnons une explication concernant l'aménagement des serres, comme dans le chapitre précédent ou comme dans les suivants, nous sous-entendons toujours que l'amateur pourra à son gré cultiver ses Orchidées avec d'autres plantes ou toutes seules ; mais c'est peut-être la question la plus délicate à traiter.

Il est à craindre que des cultivateurs spéciaux nous critiquent un peu quand nous dirons que nous aimons mieux voir des amateurs novices placer leurs Orchidées en compagnie d'autres plantes, quitte à n'avoir pour certaines espèces qu'un résultat médiocre, que de voir ceux-ci abandonner un genre de plantes parce qu'ils seront ennuyés de penser qu'il leur faudra expulser de leurs serres leurs autres végétaux.

Pourquoi donc les décourager? D'ailleurs les exemples ne manquent pas, d'excellents cultivateurs qui n'hésitent pas à placer les Orchidées au-dessus d'autres espèces de plantes; et puisqu'il faut toujours, autant que possible, appuyer son dire de faits concluants, nous citerons les noms de M. Bleu, un maître, de M. Videau, un des plus grands et des plus aimables amateurs d'Orchidées de Bordeaux, de M. Marron, jardinier chez M. Darblay, de feu Thibaut, qui n'hésita jamais à conserver dans les mêmes serres ses précieuses collections d'Orchidées, confondues avec des plantes toutes différentes.

Nous sera-t-il permis d'ajouter notre nom à cette liste d'hommes si habiles et si compétents? Ce ne sera qu'à titre affirmatif encore, car les plus beaux Cattleya Dowiana que nous ayons eu étaient accrochés au-dessus d'une couche où nous cultivions des Dracæna stricta, grandis.

Voilà donc une chose admise et parfaitement avérée qu'on peut très bien cultiver les Orchidées avec ou au-dessus d'autres plantes : si les spécialistes ne le font pas toujours, c'est qu'ils ont intérêt à les réunir dans des serres affectées à chaque genre ou plutôt à certaines espèces, de façon que le cultivateur tout particulièrement commis aux Orchidées ait son travail bien en mains. Il est facile de saisir qu'il serait assez ennuyeux pour celui-ci d'être occupé à donner des soins à des Orchidées suspendues dans une serre où des plantes différentes seraient soignées par un autre jardinier. C'est du reste un des inconvénients, mais il y en a d'autres, de petite importance qui, je le répète, ne peuvent concerner que les spécialistes et non les amateurs, et surtout les amateurs commençants.

CHAPITRE VI

Comment on doit disposer les plantes dans les serres.

Puisque ce petit ouvrage est destiné à fournir quelques conseils pratiques aux amateurs, aux jardiniers, en somme à toutes les personnes qui possèdent des serres grandes ou petites, qu'il nous soit donc permis de dire ici en toute franchise qu'une serre mal tenue, mal rangée est la pire des choses, non seulement pour la santé des plantes, ce qui est grave, mais aussi pour la vue, ce qui a aussi son importance.

Si nous supposons un moment que le lecteur veuille loger dans sa serre plusieurs espèces de plantes, ou plutôt beaucoup d'espèces, il devra avant tout se bien renseigner sur le degré de chaleur qu'elles demandent et ne pas mélanger les plantes de serre froide et celles de serre chaude.

Toutes les plantes, quelles qu'elles soient, doivent être lavées ou tout au moins débarrassées des insectes, de la poussière, et les pots tenus propres; c'est même une condition essentielle. Les mottes doivent être examinées, et les lombrics (vers de terre) retirés, les tables ou gradins bien lavés.

Chaque genre de plante sera placé selon ses besoins, selon qu'il aime la lumière ou l'ombre ; les plantes un peu petites seront surélevées, s'il est nécessaire, par des supports ou même par des pots renversés ou de toute autre façon. Une certaine coquetterie dans l'agencement d'une serre est fort agréable à l'œil et donne tout de suite l'impression charmante d'une chose bien comprise, où règnent l'ordre et le goût.

Quand le rangement des plantes diverses est fait, si on a des Orchidées à placer et qu'elles soient dans des paniers ou des pots destinés à être suspendus, on dispose alors celles-ci dans les endroits qu'on a jugés favorables à leur santé en tenant compte, dans la mesure du possible, de l'effet qu'elles produisent ; car les Orchidées gentiment disposées donnent immédiatement à la serre un aspect séduisant.

Les espèces en pots, comme les Cypripedium, par exemple, seront autant que possible groupées ensemble et un peu rapprochées de la lumière. Si les plantes sont petites, il est toujours facile de faire soi-même un plancher au-dessus de la table ordinaire, au moyen de tuiles, ou avec du bois, à condition que celui-ci soit sain et qu'on le dispose de façon que l'eau des arrosages s'écoule facilement. Si l'on possède une jolie touffe d'une espèce, comme un Lycaste, un beau Cattleya, un fort Dendrobium, il faut lui réserver une place d'honneur, bien en vue, sans l'étouffer par le voisinage d'autres plantes trop envahissantes ; elle y gagnera et le coup d'œil aussi.

Placez toujours des étiquettes sur vos pots, à la portée de la main des visiteurs. Si vous vous intéressez à vos Orchidées en collections, ayez un petit catalogue et mettez des numéros en plomb à vos plantes, vous éviterez ainsi beaucoup d'erreurs.

Aux personnes qui auront fait l'acquisition d'Orchidées de serre froide, Cypripedium, Odontoglossum, Oncidium, et qui devront les loger avec des plantes telles que Géraniums, Pélargoniums, Cinéraires, Cyclamens, nous conseillerons de ménager un petit coin bien propre, bien arrangé, ainsi que nous l'avons dit ; elles y placeront les espèces en pots.

Si l'on possède quelques paniers, on devra les suspendre de manière qu'ils ne soient pas gênés ou étouffés par des plantes trop fortes. Nous avons vu ainsi des Lælia anceps et autumnalis faire excellent ménage avec des Primevères de Chine, mais les Primevères étaient sur les tables et les Lælia suspendus d'une manière très régulière aux fermettes de la serre. Le principal est que les Orchidées soient toujours à la portée de la main du jardinier ou de la personne qui les soigne et qu'on ait l'œil très facilement sur ces plantes.

CHAPITRE VII.

Quelques conseils sur la construction des petites serres d'amateurs.

Par l'un des précédents chapitres nous avons vu que n'importe quelles serres peuvent être utilisées pour la culture des Orchidées, pourvu toutefois qu'on les aménage un peu. Il s'agit maintenant de donner quelques conseils à nos lecteurs sur la façon de comprendre les serres qu'ils auraient l'intention de faire construire. Il n'entre pas dans nos idées de nous poser ici en novateur, pas plus qu'il nous vient à la pensée de critiquer tel ou tel constructeur; mais, comme le but de ce petit livre est très défini et qu'il s'agit de donner tout à la fois des indications précises et quelques conseils, il faut bien que nous expliquions aux personnes qui n'y entendent rien (et c'est surtout pour celles-là que nous écrivons) comment elles peuvent, sans dépenser beaucoup d'argent, se donner la satisfaction de posséder de bonnes serres bien appropriées au genre de culture dont nous nous occupons ici.

Comme nous supposons écrire pour des budgets

limités, nous nous occuperons seulement des petites serres.

Nous appellerons petites serres celles qui ont de 6 mètres de longueur jusqu'à 12 ou 15 mètres. Supposons un terrain quelconque, jardin potager ou fleuriste et admettons qu'on veuille y bâtir une serre dite à deux pentes, communément connue sous le nom de serre hollandaise. Il faudra toujours choisir un emplacement disposé de telle sorte qu'on puisse plus tard ou rallonger la serre ou lui en adjoindre d'autres ; car il est très mauvais de les semer partout dans un jardin, et le mieux est de concevoir d'avance, si petits que soient les projets, un ensemble correct qui réunit sur une même ligne les différentes constructions.

Serre de petit amateur. Nous conseillons de donner à la construction de 6 à 8 mètres de longueur et une largeur minimum de 3^m,20 (fig. 2), si elle doit avoir un seul sentier et deux tables de côté ; si elle comporte un gradin ou une table au milieu, on lui donnera 5^m,50 dans œuvre. La serre reposera sur deux petits murs en briques de 22 centimètres d'épaisseur. Il est inutile d'enterrer la serre en terre, une marche en contre-bas est suffisante. Dans une serre de 3^m,20 de largeur, le sentier central mesurera 80 centimètres ; le faîte de la serre sera à 2 mètres au-dessus du sentier ; si la serre a 5^m,50, chaque sentier devra avoir au moins 1^m,90 sous clé. Les côtés ou pieds-droits seront vitrés à demeure, l'air sera amené sous les tables par des trappes ouvertes dans les murs. Deux

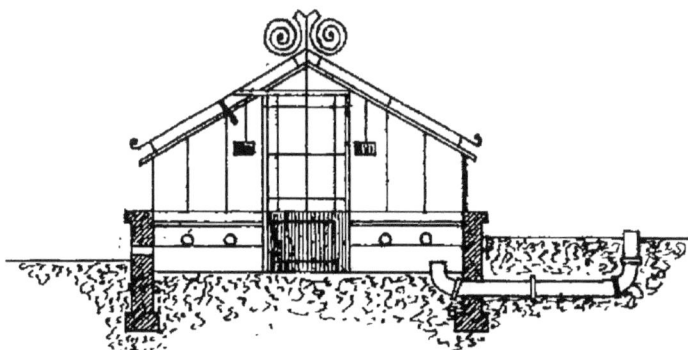

Fig. 2

Petite Serre d'amateur avec ses deux systèmes de prise d'air.

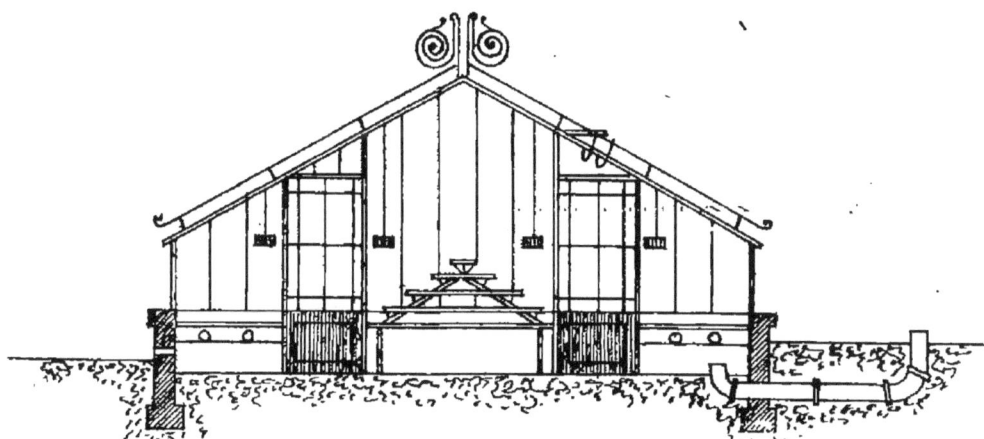

Fig. 3

Serre Moyenne d'amateur avec ses deux systèmes de prise d'air.

trappes de chaque côté dans une serre de 6 à 8 mètres seront suffisantes ; bien entendu, elles devront
être pratiquées au-dessous du niveau des tuyaux de
chauffage ; il faudra des vasistas ou prises d'air en
nombre égal dans le haut de la serre. Celle-ci sera
construite en bois de sapin rouge ou en pitch-pin.
Cela importe peu pourvu qu'elle soit solide, et la lumière largement distribuée. Nous conseillerons de
vitrer en verre double, c'est solide et plus chaud, par
conséquent économique au point de vue du chauffage. L'ombrage devra, à notre avis, être fait par des
claies plus chères certainement que les toiles, mais
d'un emploi facile et d'une durée presque illimitée.
Pour les serres froides, il nous paraît nécessaire de
se précautionner de paillassons qu'on fera dérouler à
la main, en cas d'abaissement de la température.

Pour une petite serre chaude, la chaleur pourra
être facilement obtenue à l'aide de quatre tuyaux de
8 à 9 centimètres de diamètre, faisant aller et retour
sous des tables. Pour une serre plus grande, c'est-
à-dire celle de 5^m,50 (fig. 3), 5 à 6 rangs de
tuyaux nous paraissent nécessaires. Au chapitre concernant le chauffage, nous expliquerons ces choses
plus amplement. Ajoutons qu'on doit avoir dans la
serre un réservoir où l'on recueillera l'eau de pluie,
si toutefois la serre n'est pas couverte avec des paillassons sulfatés, ou, à défaut d'eau de pluie, une
bonne eau de rivière. On rendra les sentiers bien per-
méables aux arrosages en creusant le sol d'un pied

de profondeur, et on y mettra des scories qu'on pilera et qu'on recouvrira de frasier ou de sable ; du gravier fin nous paraît indispensable. Voilà à notre avis les seuls frais à faire.

Chaque constructeur se croit le droit, et c'est justice, d'avoir trouvé un système meilleur que celui de son voisin. Nous qui écrivons pour les personnes (du moins, c'est notre idée fixe) qui ne veulent pas jeter l'argent par les fenêtres, nous ne pouvons que leur conseiller de faire construire des serres économiques bien faites, conformément aux modèles dont on se sert dans l'horticulture. Eviter autant que possible les nombreuses complications, très intéressantes mais très coûteuses, dont l'emploi n'est nullement nécessaire pour avoir de jolies plantes. Il n'y a pas un horticulteur qui ne me donne raison quand je dirai ici que ce qui fait le plus de mal au genre de plantes qui fait l'objet de ce petit traité ce sont les serres coûteuses qui emploient le budget que l'amateur destinait à l'achat de sa collection, et qui nous font émettre à nous autres, horticulteurs, quand nous nous trouvons devant ces constructions ruineuses, cette opinion : belle cage, mais pas d'oiseaux dedans.

Il est évident que ce n'est pas dans une serre de 6 ou 8 mètres de longueur qu'un amateur pourra cultiver les trois catégories d'Orchidées qu'on est convenu de classer en plantes de serre froide, de serre tempérée et de serre chaude. Comme il s'agit ici de prêcher l'économie, nous conseillons de faire construire deux petites serres de 8 mètres et de les accoupler, l'une en serre froide, l'autre en serre chaude, et de s'arranger de façon à chauffer un peu moins la moitié de la serre chaude ; on pourra ainsi subdiviser les plantes. C'est à raisonner avec le constructeur de chauffage. Nous devons avouer que nous aimerions encore mieux voir faire trois petites serres de 8 à 10 mètres chacune, ayant leur température bien distincte ; seulement il est essentiel qu'on ne s'écarte pas sensiblement des dimensions que nous avons données, car, ainsi que nous l'avons déjà dit, les serres creusées en terre et n'ayant pas d'atmosphère ne doivent plus être employées pour la culture des Orchidées ; en ce qui nous concerne, nous nous en déclarons l'ennemi juré et nous avons avec nous tous les cultivateurs expérimentés.

Il est évident que tout ce qui pourra apporter un complément de commodité et de perfectionnement à ce que nous avons indiqué sera excellent. Ainsi si l'on possède un mur au midi et qu'on soit disposé à faire la dépense d'y adosser une petite galerie de 2 à 3 mètres de largeur dans laquelle les serres viendraient aboutir, cela serait parfait ; la galerie servirait pour les rempotages, pour loger les pots, le sphagnum, le polypode, etc.; et ces serres ayant leur porte du nord s'ouvrant dans la galerie, la chose serait excellente. Bien entendu aussi, la largeur des serres pourra être plus grande, car certaines espèces, et les Cattleya surtout, se trouveront à merveille dans des locaux dont la largeur atteindrait 6^m,50 à 7 mètres, et la hauteur totale 4. Mais il s'agit là de constructions déjà vastes, l'amateur commençant trouvera certainement avantage à se servir d'outils d'un maniement plus facile et d'une importance en rapport avec son budget. C'est ce que nous avons cherché à bien établir par les lignes qui précèdent.

CHAPITRE VIII

Du chauffage des serres

Nous avons traité des serres dans le chapitre précédent au point de vue de la construction. Il importe de faire remarquer que, si la ventilation a été bien établie, ainsi que nous l'avons expliqué, l'air qu'on respirera dans la serre à Orchidées sera très agréable, il suffira pour cela de ne pas surchauffer les tuyaux.

Nous avons vu qu'on divise les serres en trois sortes : serre froide, serre tempérée, serre chaude.

Dans une serre froide bien comprise, la température ne doit pas être inférieure à 5 ou 6 degrés, avec une gelée de 10° à 12°, la nuit s'entend ; le jour, le thermomètre ne devra pas monter à plus de 10° à 12°, 15° au maximum. L'eau qu'on y jettera dans les sentiers, le bon état de la serre, la propreté et la bonne ventilation, tout cet ensemble de faits rendra la serre extrêmement agréable à visiter pour les promeneurs.

La serre tempérée ne doit pas avoir plus de 8° à 10°, la nuit, et 12° à 15° le jour avec la même température du dehors que celle indiquée, pour la serre froide ; mêmes précautions, mêmes indications pour l'air, l'arrosage des sentiers et le reste.

Quant à la serre chaude, un minimum de 12° la nuit et un maximum de 20° à 25° le jour seront très suffisants ; toujours les mêmes observations en ce qui concerne l'aérage, qui doit se faire modérément, par les temps doux et pendant les moments ensoleillés de la journée et jamais directement, sur les plantes ; c'est pourquoi nous avons demandé que les trappes soient sous les tables.

Jamais la serre chaude ne doit être une étuve, jamais les tuyaux n'y atteindront une température supérieure à 70°, 80°. La question la plus difficile à résoudre pour des amateurs qui veulent s'occuper eux-mêmes de leurs serres, c'est la régularité à peu près parfaite de la température, car il est démontré en principe par tous les cultivateurs d'Orchidées, — et cela a force de loi en culture, — qu'il vaut mieux avoir une température un peu basse, mais régulière, que des oscillations du thermomètre sautant de l'extrême chaleur à un froid relatif ; les Orchidées auraient à souffrir, malgré leur rusticité, de cet état de choses ; nous reviendrons sur cette question à l'article culture. Pour cela il s'agit de bien savoir régler son feu, de bien organiser son chauffage et de consulter un constructeur expérimenté pour bien combiner les tuyaux de façon qu'on obtienne facilement le maximum de chaleur sans surchauffer l'eau, ce qui est très mauvais, et produit une sensation désagréable, en entrant dans la serre.

Il est facile de remédier à cet inconvénient. On commence par chauffer l'eau jusqu'à ce qu'elle atteigne une température de 70 à 75 degrés dans les tuyaux, et que la circulation se fasse bien ; on couvre alors le feu avec des escarbilles ou autres combustibles mouillés et préparés *ad hoc*, et on maintient ainsi la chaleur de la serre à une température moyenne parfaitement régulière.

Nous pensons avoir bien fait comprendre ce qui a rapport au chauffage de la serre.

Après avoir dit d'autre part qu'il est important d'avoir des températures régulières, il est bon d'indiquer les moyens accessoires au chauffage.

Un des meilleurs, recommandé aux amateurs qui ont de petites serres, et que nous trouvons excellent, quoique un peu coûteux, consiste dans un double vitrage ; ce système demande aussi certains soins d'entretien pour que la lumière soit toujours parfaite, mais il offre une plus grande sécurité contre la pénétration du froid, car la couche d'air contenue entre les deux vitres est mauvaise conductrice de la chaleur. Ce système, peu employé en horticulture à cause de son prix de revient, pourra toujours être appliqué avec avantage par les amateurs.

Le second procédé est à la portée de tout le monde. Il consiste à couvrir les serres, dans lesquelles on n'est pas sûr de maintenir une température régulière, la nuit, avec des paillassons bien secs ; il suffit pour cela de les tenir en réserve à l'abri de l'humidité et de les dérouler le soir sur les serres. Il arrivera quelquefois que la neige tombée pendant la nuit forcera le propriétaire à laisser les paillassons en place ; il est évident que ce sera encore le meilleur moyen d'éviter de casser les vitres, et d'ailleurs les paillassons trempés et pleins de neige sont fort ennuyeux à manier. Une serre ainsi couverte garde une température très douce, et le vent est facilement combattu ; mais il ne faudrait pas que ces paillassons restassent plusieurs jours, car le manque de lumière se ferait sentir et les plantes en souffriraient. C'est du reste plutôt le pied-droit vitré et en général les parties basses qui ont besoin d'être ainsi protégées, l'emploi des claies à ombrer ou des toiles ne permettant pas facilement de dérouler les paillassons à moins de complications de mécanisme, qu'il faut, à notre avis, éviter comme étant trop coûteux et sujet à se détériorer facilement.

CHAPITRE IX

Matériel servant à cultiver les Orchidées : pots, paniers, etc.

Le matériel qui sert à cultiver les Orchidées est de différente nature. Nous n'irons pas jusqu'à dire qu'il se compose exclusivement de sphagnum (mousse des marais) et de polypodium, sorte de Fougère qui croît sur les roches et qu'on voit souvent sur les vieux murs, puisque certains cultivateurs se trouvent bien de la mousse ordinaire des bois et que d'autres ont essayé certaines substances et se contentent même de suspendre leurs plantes fixées sur des morceaux de bois ou de liège ; mais comme nous parlons ici pour les personnes qui n'ont jamais ou peu cultivé d'Orchidées, nous n'avons pas à les entretenir d'expériences intéressantes, mais de ce qui se fait couramment dans les bonnes cultures.

Le sphagnum doit être acheté par petites quantités, bien frais et bien vivant; dans cet état, il est verdâtre et offre à l'extrémité de sa tige, représentant assez grossièrement une sorte de chenille, un petit bouquet resté encore vert et poussant. Pour un

amateur modeste, une botte de sphagnum acquise
dans ces conditions doit être épluchée avec soin, dé-
barrassée des herbes, brindilles de bois, feuilles et en
général de tout corps étranger; puis, placée dans un
endroit à l'ombre et au sec, et répandue comme on
le fait pour faner le foin. Quand cette mousse est
bien sèche, on la place alors dans une caisse et dans
un endroit à l'abri de l'humidité; elle s'y maintient
très bien et peut être employée pour les rempotages, et, chose curieuse, ses extrémités se remettent
en végétation dès qu'elles se trouvent en présence
de la chaleur humide de la serre. Le sphagnum doit
être, la plupart du temps, employé haché, mais nous
en parlerons à l'article compost.

Le polypodium s'achète aussi en bottes; il faut
commencer par ouvrir la botte et la battre avec un
bâton pour en faire disparaître complètement les matières terreuses; on épluche alors soigneusement les
racines qu'on met de côté, ne gardant que ce qui a
l'aspect de fibres très fines et jetant les stolons, sortes
de grosses tiges souterraines sur lesquelles prennent
naissance les feuilles et les futurs bourgeons de la
plante, ces fibres épluchées et bien propres du polypodium doivent ressembler à du tabac très fin.

Ce qu'on appelle compost est un mélange par parties égales ou en proportions variables de sphagnum
haché préalablement et de polypodium traité de
même. On mélange ces deux produits après les avoir
légèrement mouillés pour les rendre souples et d'un

emploi facile. Les autres matériaux sont ce qu'on appelle en jardinage des tessons, qui ne sont pas autre chose que des morceaux de pots cassés et qu'on brise encore en plus petits fragments s'il est besoin; on y supplée aussi par des petits morceaux de brique tendre, des escarbilles connues sous le nom de mâchefer. Mais ces matériaux, quels qu'ils soient, doivent toujours être très propres et débarrassés des matières terreuses.

Nous devons ici prévoir les observations et répondre à une question qui, sans aucun doute, est dans la pensée de nos lecteurs : c'est l'emploi du charbon de bois. Certes, il y a eu des débats assez sérieux sur l'emploi de ce genre de drainage. La seule raison qui nous ait empêché de nous en servir est bien simple : nous n'en avons pas vu l'avantage et nous en avons constaté l'inconvénient, qui consiste dans la dépense assez forte qui en résulte quand il faut en employer d'assez grandes quantités.

Les pots seront cuits gras; c'est là un terme employé dans la fabrication et qui indique que la poterie ne doit pas sonner trop fort et ne pas être vitrifiée. Ils seront toujours lavés à grande eau s'ils ont déjà servi. Leur forme importe peu, mais cependant les petits collectionneurs auront toujours plaisir, il nous semble, à se servir de pots bien faits et de forme un peu coquette. Quant aux paniers dont on se sert habituellement, ils doivent être en bois dur, non peint; les bois les meilleurs sont le pitch-pin, le bois de dau, le hêtre même. Mais il ne faut pas employer de bois ayant conservé son écorce, cela présente l'inconvénient de servir de refuge aux insectes, et d'ailleurs cette écorce se détache à un moment donné et l'effet produit n'est guère séduisant. Les paniers comme les pots doivent être très propres, et ceux qui ont servi seront lavés et débarrassés des moisissures ou autres débris. On se sert aussi pour fixer les Orchidées, de nature essentiellement épiphytes, de planchettes qu'on peut parfaitement fabriquer soi-même. Le meilleur bois, pour cet usage, est, à notre avis, le grisard ou les planchettes de liège. Si l'on y fixe les plantes, il faut employer du fil de cuivre rouge qui s'oxyde difficilement et est fort résistant.

CHAPITRE X

Des plantes importées. — Manière de les traiter.

Ce petit traité ne serait pas complet, à notre point de vue, si nous ne parlions pas des plantes importées. Rien n'est plus intéressant, amusant pouvons-nous dire, pour un amateur, que de chercher à redonner la vie à des plantes qui ont supporté un long séjour dans des caisses et qui ont cet aspect dont nous avons déjà entretenu nos lecteurs, aspect qui n'a rien de séduisant.

Quand on a reçu ces plantes, il faut, après les avoir examinées et s'être rendu un compte exact de leur état, les jeter dans l'eau, à la température de la serre, pendant deux ou trois heures au plus. On les nettoie ensuite soigneusement en enlevant toutes les parties décomposées ou brisées, puis on les pose sur des tessons qu'on a disposés dans des pots jusqu'aux deux tiers de ceux-ci. Si la plante ne tient pas debout, on place un petit tuteur dans le milieu des tessons et on y fixe la plante au moyen d'une petite attache.

En allant et venant on bassine la plante de façon à

faire regonfler ses tissus et à exciter la formation des racines ; cela doit être fait modérément et il ne faut pas chercher à développer cette végétation trop vivement.

Quand on aperçoit les nouvelles racines, il est temps de rempoter les plantes. Pour ce, il importe de prendre les précautions que voici : on choisit un pot ou un panier de grandeur suffisante sans exagération ; on draine bien ; on place sur le drainage un peu de sphagnum ; on y plante un tuteur maintenu par les tessons et bien assujetti ; on pose alors la plante en l'accolant après le tuteur ; on tasse légèrement le compost de sphagnum et de fibres de polypode, en donnant au tout une surface sphérique qui tient pour ainsi dire la plante un peu au sommet de ce rempotage.

On bassine assez fortement et on attend alors la formation complète des racines, ce qui ne tarde pas. Celles-ci, comme de grosses pattes d'araignée ou des tentacules de pieuvre, semblent s'emparer du compost et y plongent leurs spongioles avec délices. Alors la pauvre exilée, sentant le bien-être, se gonfle de sève, ses pseudo-bulbes se renflent, ses feuilles semblent prendre une nouvelle vie, et l'œil ou les yeux qui étaient à l'état de sommeil se mettent en mouvement, s'allongent et acquièrent souvent une vigueur peu ordinaire, spectacle qui remplit de joie l'amateur qui voit ainsi ses soins et ses observations, car tout est là, couronnés de succès.

Tout ce que nous venons de dire s'applique aux espèces épiphytes.

Il n'y a pas de règle absolue en culture, et l'amateur qui saura observer ses plantes d'importations se rendra bien compte de leur état ; il est donc admis que, pour certaines espèces de nature très charnue arrivées en très bon état du pays d'origine, on pourra souvent les rempoter après seulement quelques jours de regonflement, et sans attendre la formation des racines, tout cela est affaire d'habitude et d'observation.

Les espèces, dites terrestres, doivent subir, quant à la première partie, les mêmes préparations ; seulement, quand on constate le développement des futures racines, on rempote dans de petits pots, ou dans un compost, où le sphagnum entre en proportion un peu plus grande, et l'on tient la plante peu enfoncée dans le compost en la soutenant aussi par un ou des tuteurs. Les soins sont les mêmes, mais il faut un peu moins d'humidité cependant, car tout doit être proportionné, et il est évident qu'une Orchidée qui a supporté un long voyage doit toujours être l'objet de soins attentifs et de précautions plus grandes qu'une plante établie.

CHAPITRE XI

Rempotage des plantes établies, surfaçage, etc.

Les plantes qu'un amateur cultive ou son jardinier, peu importe, doivent être rempotées en temps
opportun ; la question ne fait l'objet d'aucun doute.
Les époques du rempotage sont indiquées approxi-
mativement dans le tableau que nous dressons à ce
sujet et qui se trouve à la fin de ce petit traité. Mais
où les explications deviennent nécessaires et où nous
allons essayer de nous faire comprendre, c'est pour
cette opération de rempotage.

En général, toutes les espèces épiphytes, — et
elles sont nombreuses, — ne se rempotent que lorsqu'elles en ont absolument besoin ; cela a été dit par
des maîtres et est très juste. Tant qu'une plante
fournit une végétation régulière, tant que ses pseudo-
bulbes conservent la même force et que sa floraison
est normale, il est inutile de lui toucher, si ce n'est
pour la surfacer. Voyons donc ce qu'on entend par
ce terme de surfaçage.

Cette opération consiste à prendre en main le pot
ou le panier qui contient la plante après sa période
de repos, et à enlever, soit avec le doigt, soit avec

un bâton en forme de spatule étroite, le sphagnum et les mousses qui se sont formées à la surface de la motte, les petites fougères et en somme les végétations parasites qui viennent assez souvent envahir le dessus des paniers ou des pots. On fait cette opération avec prudence, en évitant de blesser ou de casser les racines ; on passe légèrement entre celles-ci, et quand on a ainsi mis à nu la base de la plante, on y replace du compost neuf qu'on tasse légèrement et auquel on redonne la forme demi-sphérique, non sans avoir examiné si les racines sont en parfait état, auquel cas il vaudrait mieux procéder au rempotage complet ; on mouille modérément et bientôt après, tout en tenant le compost sain et non trop humide, on voit apparaître des racines nouvelles qui y trouvent des éléments neufs et par conséquent excellents. S'il s'agit de plantes épiphytes à un moindre degré ou de plantes terrestres, l'opération reste la même ; la nature du compost seule peut changer, mais qui dit surfaçage ne dit pas rempotage.

Cependant, cette opération, bien faite, bien comprise, surtout si on a tenu compte, ainsi que nous l'avons dit, de l'état sain des racines est souvent suffisante pour entretenir une bonne végétation chez la plante, car, en principe, l'opération du rempotage, quelque bien faite qu'elle soit, entraîne toujours avec elle un peu de fatigue du sujet, fatigue qui se fait sentir plus ou moins suivant la délicatesse des espèces.

Cette opération à laquelle nous arrivons a été le sujet de bien des controverses, et certes il est aussi difficile de bien expliquer le rempotage d'une plante que d'apprendre à greffer rien qu'avec des figures et des explications ; il faut donc que le lecteur supplée par sa propre initiative à ce que nous aurons pu omettre ou expliquer insuffisamment.

Admettons pour un instant que nous ayons devant nous un Cattleya ou un Lælia ou toute autre plante épiphyte dont la végétation arrêtée nous indique l'époque du rempotage ; il importe tout d'abord de sortir la plante de son pot ou de son panier ; pour le faire, il faut éviter, autant que possible, de briser les racines ; le mieux est de casser le pot à petits coups secs et de faire tomber les morceaux. S'il s'agit d'un panier, on le scie d'un côté et on dégage ainsi les trois autres parois. On examine la plante et on la débarrasse des racines pourries et en général de tous les accessoires : compost, tessons, etc. On fait cela délicatement et sans toucher aux spongioles des racines. Il convient d'examiner aussi si la plante n'a pas un ou plusieurs bulbes datant de l'époque de l'importation et devenus impropres et inutiles.

Tout cela fait, nous préparons un pot ou un panier assez grand pour que la plante y vive deux ou trois ans au moins. Nous disons deux ou trois ans parce qu'on peut certainement et surtout pour un petit amateur rempoter une plante seulement tous les deux ans, trois ans même et entre temps la surfacer. Il importe donc de tenir compte du chemin que fait la plante dans le pot ou dans le panier et de la placer non pas dans le milieu mais un peu en arrière du vase ou du panier qui la contiendra. On met des tessons, en ayant soin qu'ils forment des cavités et qu'ils ne se tassent pas ; on y ajoute une couche légère de sphagnum bien propre ; on dispose dans ce milieu et d'une façon solide un petit tuteur. Tenant le sujet de la main gauche, on le présente au-dessus du récipient et on commence à y intercaler délicatement du compost auquel on pourra, sous forme de cales et même au point de vue du drainage, ajouter de-ci de-là un petit morceau de tesson. La plante assujettie et déjà soutenue, on achève le travail avec les deux mains en lui donnant une forme demi sphérique qui fait que la plante se trouve un peu au-dessus du compost ; l'œil futur, si c'est un Cattleya, émettra des racines qui ne devront atteindre le nouveau compost que lorsqu'elles auront de un à deux centimètres.

On mouille alors de façon à bien tremper le tout sans détruire la bonne forme donnée ; on attache, s'il est besoin, la plante au petit tuteur ou à deux ou trois s'il a fallu les employer et on la lave soigneusement.

Cette opération du lavage est essentielle et elle se fait avec d'autant plus de sécurité que la plante est tout à fait assujettie dans son nouveau vase ; il ne reste plus qu'à la suspendre ou à la placer au bon endroit.

Le rempotage des plantes dites terrestres, ou du moins de nature demi-épiphytes, et nous pouvons citer comme exemple les Lycastes, les Cypripedium, les Odontoglossum, etc., comporte les mêmes soins, les mêmes précautions. Cependant les racines de ces plantes sont certainement un peu plus abondantes, et, en ce cas, il faut en supprimer bon nombre si elles se sont enchevêtrées si bien qu'on ne puisse éviter d'en casser; il est en effet assez difficile de rempoter un Cypripedium insigne sans qu'il en résulte un peu de racines brisées, mais la conséquence n'en est pas très grande si on a le soin de ne pas tenir la plante trop humide pendant quelque temps.

Nous ne terminerons pas ce chapitre sans répondre à une question qu'on nous a souvent posée : doit-on rempoter les Odontoglossum dans un compost serré ou à peine tassé? Notre propre expérience, qui résulte d'observations faites sur des milliers de plantes, nous force à dire qu'il ne faut pas, en général, tasser le compost des Orchidées ayant des pseudo-bulbes de la nature de celle des Odontoglossum; leurs racines sont fines et munies de spongioles qui aiment à traverser un compost souple et reposant sur un drainage abondant; quoique la plupart de ces plantes soient cultivées en pots où elles végètent parfaitement, on doit tenir compte de leur nature, et tasser le compost nous paraît une mauvaise opération.

CHAPITRE XII

Multiplication des Orchidées.

Si abrégé que soit notre travail, nous ne pouvons passer sous silence une opération qui a pour but de rendre les rapports agréables entre cultivateurs et amateurs : nous voulons parler de la multiplication des Orchidées, — par le sectionnement, car ici nous ne parlerons pas des semis, passe-temps fort agréable sans doute et d'un rapport très lucratif, mais qui comporte des soins et une expérience acquise très grande. Nous dirons quelques mots du sectionnement ou de la division.

Cette opération se fait assez généralement après le repos et au moment du rempotage. Alors on examine la plante et, armé d'un greffoir bien affilé, on pratique la section nettement, en ayant soin de toujours laisser à chaque partie détachée de plante un œil prêt à se développer.

Si on opère sur des plantes comme les Cypripedium, il importe de laisser toujours une pousse en pleine végétation en avant du fragment qu'on a détaché de la plante mère.

Il y a certainement beaucoup de moyens de sectionner les Orchidées et de les multiplier autrement que par le semis, mais pourquoi entrer ici dans des détails qui deviendraient pour nos lecteurs très difficiles à saisir et qui peut-être risqueraient de les lancer dans des opérations qui entraîneraient la perte de leurs plantes ?

Disons en substance qu'une plante sectionnée et rempotée exige des soins minutieux : elle ne doit pas être trop mouillée, et quant au fragment détaché, il sera rempoté petitement et traité un peu comme une importation ou tout au moins comme une plante n'ayant pas encore acquis toute sa vigueur. Il faut donc agir avec prudence et surveiller la marche de la végétation.

Un excellent procédé de multiplication consiste, étant donné qu'on nous a demandé un fragment d'une plante, à examiner celle-ci et à déchausser un peu le pied, puis, sans la dépoter, on passe délicatement le greffoir à la place qu'on veut trancher et d'un coup sec on fait l'opération ; on écarte alors très légèrement la partie sectionnée et on laisse les choses en l'état, non sans examiner de temps en temps pour voir s'il ne se forme aucune pourriture à la partie coupée. C'est quand on rempote la plante, ou quand elle a terminé sa végétation qu'on sépare les deux parties, ainsi que nous l'avons dit plus haut.

CHAPITRE XIII

Du repos. — Considérations générales.

C'est une des questions les plus délicates à traiter que celle qui concerne le repos des Orchidées ; pour l'horticulteur habitué à la culture de ces plantes, cela devient très facile et il se fait très vite à la nécessité qui s'impose de donner un repos absolu à certaines espèces, tandis que d'autres ne doivent se reposer que relativement peu. Mais pour ce qui est de l'amateur inexpérimenté toujours disposé à écouter les avis des uns et des autres, et surtout prêt aussi à supposer qu'on abuse de son ignorance afin de le tromper, il est bien difficile d'arriver à lui persuader qu'il doit laisser, sans aucune goutte d'eau, pendant des semaines et même des mois entiers, certaines espèces. Comment arriver à lui inspirer assez de confiance pour lui inculquer qu'il doit cesser de mouiller, d'une façon absolue, des espèces comme les Odonto-glossum Citrosmum, par exemple, — charmante plante que nous réussissons à faire fleurir dans la proportion de 90 pour 100 en les laissant impitoya-blement sèches pendant au moins quatre mois ; il doit pourtant en être ainsi et il ne faut pas se figurer qu'une Orchidée aura à souffrir de cet état de choses,

4

ou ce serait connaître bien peu la nature de ces plantes qui craignent bien plus le moindre excès d'humidité qu'une sécheresse prolongée outre mesure.

Cette longue digression avait pour but d'arriver à persuader nos lecteurs que ce que nous allons traiter ici mérite qu'ils s'y arrêtent et qu'ils y attachent une très grande importance.

Donc, quand une Orchidée a fourni sa végétation, puis donné sa floraison normale ; que, pendant cette période, tout a bien marché et qu'on a mouillé convenablement, opération que nous décrirons dans un chapitre spécial faisant immédiatement suite à celui-ci, il conviendra de la mettre au repos.

Qu'on nous permette d'émettre un petit avis. L'amateur qui n'a que quelques plantes pourrait avoir une série d'étiquettes avec un signe quelconque ; le meilleur système nous paraît celui qui consiste à écrire en toutes lettres : *au repos.* Cette étiquette placée sur le pot dirait elle-même, à la personne chargée du soin des Orchidées : Ne mouillez pas du tout cette plante, elle se repose.

Quelques explications sont nécessaires sur la façon de comprendre ce repos, et c'est ce que nous allons exposer. Prenons pour exemple une plante épiphyte comme un Cattleya ou un Lœlia ; supposons que ces plantes aient fini de fleurir ; nous les suspendrons ou nous les disposerons dans un endroit *ad hoc* et nous y placerons l'étiquette en question. Alors nous examinerons l'état du sujet dans toutes ses parties et surtout l'œil qui est à la base du pseudo-bulbe, ou les yeux, car il peut y en avoir plusieurs. Si, sous l'influence d'un milieu un peu humide et chaud et de quelque cause imprévue, cet œil semblait avoir pris un commencement de développement, il faudrait quand même arrêter les arrosages et ne donner à la plante, pendant une période qui peut varier de un mois à cinq semaines et plus, voir pour cela notre tableau, que fort peu d'eau, à peine de quoi mouiller la surface du compost.

Nous ne saurions trop le répéter, on ne doit pas chercher à exciter la végétation d'une Orchidée qui vient de fournir une floraison satisfaisante et qui, en somme, vient d'accomplir le travail que la nature lui a tracé; le plus rationnel moyen d'équilibrer l'état relatif de sécheresse, où l'on doit la tenir pendant une période plus ou moins longue, consisterait à moins chauffer la serre; mais comme un petit amateur ne peut opérer que sur des sujets isolés, nous lui conseillerons de placer ses plantes de serre chaude au repos dans la partie la moins chauffée, ou même dans la serre tempérée, et celles de la serre tempérée en bonne place dans la serre froide; mais quand, au bout d'une période plus ou moins longue, il verra ses plantes vouloir recommencer à végéter, il pratiquera l'opération du rempotage ou du surfaçage et les replacera dans sa serre, mais il aura bien le soin de ne pas brusquer la reprise de la végétation en mouillant d'abord modérément.

Les quelques lignes que nous venons de tracer s'appliquent surtout aux espèces épiphytes. Les autres, et elles sont nombreuses, qui sont terrestres ou demi-épiphytes, demandent une période de repos moins accentué, et il est certain que les Cypripedium, les Lycastes, les Zygopotalum et bien d'autres encore ne supportent pas un état de repos aussi absolu ; mais, cependant, il faut quand même après la floraison leur laisser un moment de tranquillité si favorable à la plante. Pendant ce temps, elle répare ses forces épuisées par l'effort qu'elle a dû faire pour fournir, ainsi que cela arrive chez l'amateur, une floraison souvent prolongée.

Les Odontoglossum sont dans ce cas, quoique paraissant toujours en végétation. Il est pourtant facile de remarquer qu'après une floraison normale il devra leur être accordé un peu de répit, et l'amateur fera bien de ménager l'arrosage de ses plantes et de les placer dans un coin spécial où il pourra surveiller l'apparition de la nouvelle pousse.

Disons tout de suite que même si une plante faisait, ce qui arrive souvent chez les épiphytes, une pousse en même temps qu'elle fleurit, il ne faudrait pas pour cela ne pas la laisser reposer. On le fera seulement avec un peu moins de rigueur et encore ! La nature a si bien tout prévu que, sous l'influence du repos, la pousse s'arrête net et semble sommeiller pour repartir de plus belle, sitôt qu'on recommence à donner de l'eau sous forme d'arrosage ou de bassinage.

Le repos, chez les Orchidées, est certainement la chose la plus essentielle, comme elle est en apparence la plus difficile à apprécier ; cependant, quoi de plus juste étant donnée la nature succulente de ces plantes ? Bien qu'elles trouvent justement dans leur substance même une source de sève et de vitalité prodigieuse, elles ont besoin de se reposer après une période d'activité relativement longue.

L'amateur et le cultivateur ne font qu'imiter ce qui se passe dans les pays tropicaux où certaines plantes arrivent à un état de dessiccation étonnant pendant la période de sécheresse, pour se gonfler de sève et reprendre un aspect réjouissant de verdure sitôt que la pluie bienfaisante vient favoriser la reprise de la végétation ; et combien plus grandes, plus terribles sont ces périodes de repos dans les pays d'origine pour certaines espèces que le collecteur aurait peine à reconnaître à un mois de distance ! Que nos lecteurs se rappellent ce que nos maîtres ont dit sous toutes les formes : les Orchidées ont moins à souffrir d'une période de repos un peu prolongée que d'une végétation continuelle et poussée à l'excès.

L'amateur qui suivra attentivement les besoins de ses plantes et les laissera, pendant leur repos, dans un état de sécheresse qui paraîtrait dangereux pour les craintifs réussira à les garder fort longtemps. Celui qui, par négligence ou par crainte de les voir périr, les entretiendra dans un état de végétation permanente les verra péricliter en très peu de temps.

CHAPITRE XIV.

De la manière d'arroser les Orchidées ; des bassinages, etc.

Ce chapitre fait naturellement suite au précédent, car si nous avons indiqué comment il faut laisser reposer les Orchidées, il est juste que nous expliquions comment on procède pour les mouiller.

L'eau employée doit, autant que possible, être de l'eau de pluie. Mais il n'est pas toujours très facile de s'en procurer, le moyen le plus pratique consiste à recevoir l'eau des vitres dans des bassins, à condition toutefois qu'elle ne contienne aucune substance de nature à la dénaturer, et, en admettant que ce soit impossible, l'eau de rivière peut facilement servir, du moment qu'elle n'est pas calcaire. Il y a du reste bien à dire là-dessus, car l'eau joue un grand rôle dans la culture des Orchidées, et il est certain qu'elle est souvent la cause d'insuccès qu'on va chercher bien loin. Cependant nous n'allons pas mettre martel en tête aux amateurs et leur donner trop à craindre à ce sujet. Il suffit, de quelque provenance que soit cette eau, qu'elle ne contienne aucune trace de chaux et qu'elle soit toujours à la température de la serre.

Ces points admis, on observera que les plantes
doivent être mouillées avec un arrosoir à pomme fine,
qui trempera complètement le compost sans le détériorer ni le faire jaillir de tous côtés. Pour les plantes
en pots, ce mode d'arrosage est bon ; pour les plantes
en panier, le mieux est de tremper celui-ci complètement dans le bassin de la serre et de le laisser
égoutter en le suspendant dans le sentier. C'est
simple, facile et le trempage est ainsi régulier ; car
il ne faut pas mouiller les Orchidées comme le font
pour leurs autres plantes certains propriétaires. Ces
plantes doivent être trempées complètement et mises
de côté avant d'être accrochées aux supports où
elles figurent d'ordinaire ; on évitera ainsi de les laisser égoutter sur les autres plantes. Cependant il ne
faut pas en inférer qu'on peut les mouiller ainsi sans
raison ; il faut toujours examiner la plante, son état
de végétation, sa vigueur, sa force, son aspect général et mouiller alors peu ou beaucoup ; nous l'avons
déjà dit, les Orchidées craignent l'excès d'humidité
plus que tout le reste.

Une Orchidée a surtout besoin d'eau pendant
l'époque de sa végétation qui, pour les plantes épiphytes, comprend la période allant du moment où la
pousse se met en activité jusqu'à celui où tous les organes, pseudo-bulbes, feuilles et spathes, sont complètement formés. Il faut alors cesser un peu les
arrosages jusqu'à l'apparition des boutons, et quand
ceux-ci sont parfaitement formés on peut, sans dan-

ger, mouiller un peu plus, jusqu'au moment où la plante, épanouissant ses fleurs, a besoin pour leur donner de la substance et favoriser leur beau développement d'être plus fortement arrosée.

Quant aux bassinages, il est bon de les faire assez fréquemment dans les serres tempérées et froides sur les espèces des montagnes, comme les Odontoglossum par exemple, mais surtout quand il fait beau ou que la température le permet.

On ne doit pas, en général, bassiner dans les serres pendant les journées froides et sans soleil. On n'a pas, en France, l'habitude d'avoir la seringue à la main d'une façon continuelle; on préfère mouiller les murs, les sentiers, les dessous des tables et entre les pots. Nous ne sommes pas du tout ennemi d'un léger bassinage, mais il ne faut pas abuser même des meilleures choses; nous pensons même qu'on peut parfaitement bassiner sur les fleurs de certaines espèces qui s'en trouveront très bien, telles que les Odontoglossum, les Dendrobium, tandis que d'autres verraient leurs fleurs se tacher rapidement.

D'autre part, le procédé qui consiste à jeter de l'eau sur les tuyaux des serres nous paraît mauvais et doit être condamné absolument.

En résumé, cette opération du bassinage est assez complexe, on peut dire qu'elle doit être faite par les beaux jours des mois de mai, juin, juillet, août et septembre, le soir, une fois le soleil descendu à l'horizon et quand les feuilles des plantes ne sont plus

chaudes. Un bassinage abondant, fait dans ces conditions, est excellent pour les Orchidées de serre
froide ; pratiqué plus discrètement sur celles de serre
chaude et de serre tempérée, il leur est aussi très
bon ; mais il ne dispensera pas le cultivateur du soin
de jeter, ainsi que nous l'avons dit, de l'eau dans les
sentiers et entre les plantes, opération qui lui procu-
rera la satisfaction de trouver le matin une atmosphère agréable dans sa serre et de voir ses Orchidées couvertes d'une charmante rosée, excellente à
tous les points de vue.

Les indications qui précèdent ne seraient pas com-
plètes si nous ne disions pas quelques mots sur la manière dont on doit comprendre l'ombrage des serres.
Les Orchidées aiment la lumière franche, mais non
pas le soleil direct à certaines heures et à certaines
époques ; il faut donc établir, en principe, qu'à partir
de février on ombrera vers les 10 heures du matin
pour cesser vers les 3 heures, et qu'on se rendra
compte, de mars à octobre, de l'intensité des rayons
solaires pour régler l'ombrage des serres. Il ne faudra
jamais négliger d'ouvrir les trappes d'aération dans
les heures chaudes de la journée et c'est justement à
ce moment qu'on jettera d'assez grandes quantités
d'eau dans les sentiers.

CHAPITRE XV

Insectes. — Moyens de les combattre.

Les ennemis des Orchidées sont de diverse nature. Si, à ce que nous avons dit dans les précédents chapitres concernant l'aridité de l'air, l'humidité excessive, le mauvais compost, il faut ajouter les insectes, c'est à y renoncer, vont sans doute se dire nos lecteurs. Non, car si d'avance on se crée des chimères et si l'on considère comme impossible une chose des plus faciles, alors on ne tentera jamais rien.

Là n'est donc pas la question ; raisonnons et nous verrons que tout cela n'est rien quand on y met un peu de bon vouloir et d'attention. Les mauvaises dispositions des serres et par suite les conditions défectueuses des plantes favorisent l'apparition des insectes. Comment donc remédier à un pareil état de choses?

Tous les huit ou quinze jours, s'il s'agit de petites serres où l'amateur cultive d'autres plantes avec ses Orchidées, il devra faire une légère vaporisation de nicotine. Nous disons légère, car il vaut mieux la renouveler plus souvent et moins forte. Le moyen le plus économique et le plus simple consiste à prendre une vieille marmite de fonte, on y verse un litre de nicotine à 14°, coupé d'un quart d'eau ; on y plonge un fort morceau de fer qu'on a fait chauffer au rouge ; cela provoque une évaporation très rapide et assez violente de la nicotine.

La seconde manière, celle que nous employons, consiste à mettre dans une sorte de réchaud du charbon de terre encore incandescent et d'y jeter assez vivement le contenu d'un litre de nicotine préparé comme ci-dessus.

Ces procédés sont un peu primitifs et sans être dangereux exigent des précautions pour qu'il n'arrive pas d'accidents à ceux qui les pratiquent ; mais ils ont l'avantage d'être économiques et très efficaces. On pourra acheter, — le choix ne manque pas, — un appareil à vaporiser.

Si on ne veut pas opérer de cette façon, on prépare un bain léger de nicotine, un litre pour cinq litres d'eau, et on y plonge entièrement les plantes ; on a soin de les laisser égoutter en les plaçant sur le côté pour que la nicotine ne descende pas aux racines. On peut aussi nettoyer à l'eau pure les espèces faciles à laver ; et si on a affaire à des insectes par trop récalcitrants, ajouter à la nicotine un peu de soufre en poudre.

Tout ce qui précède a pour but de détruire les trips, les grises ou grisettes, vilains petits insectes microscopiques qui rongent le parenchyme des feuilles, leur donnent un aspect très désagréable et entraînent souvent la mort de la plante.

D'autres ennemis sont aussi ennuyeux, mais moins redoutables pour la santé des plantes; ce sont les limaces, limaçons et cloportes. Ces engeances ont l'inconvénient de manger les boutons et les fleurs; les cloportes surtout font des ravages énormes aux racines dont ils dévorent les extrémités. Pour ces derniers, tous les moyens de destruction sont bons : marrons d'Inde creusés, carottes, pommes de terre; tous ces engins constituent des pièges où l'on *pince* facilement les bestioles, souvent par milliers.

Les limaces se prennent avec de la salade, avec du son et aussi avec de la patience, en venant le soir vers neuf ou dix heures, armé d'une petite lampe munie d'un réflecteur.

Les fourmis sont fort désagréables; on s'en débarrasse facilement en posant sens dessus dessous une brosse de chiendent dont on a trempé l'intérieur dans du miel ou de la confiture; il ne s'agit plus que de secouer de temps à autre la brosse au-dessus de l'eau.

Les cancrelats, les blattes ne sont pas heureusement beaucoup répandus en France; ce sont de mauvais visiteurs qu'il faut tuer par les moyens en usage, qui sont des substances vénéneuses déposées sur de petits morceaux d'ardoise. Heureusement ces ennemis sont assez rares.

On voit, par ce qui précède, que si l'on tient sa

serre propre, si l'on aère bien, si l'on répand de l'eau dans les sentiers ou sous les tables, si en somme on entoure ses Orchidées d'une atmosphère saine, respirable, point âcre, on aura peu d'accidents à redouter; on pourra du reste s'économiser bien des ennuis en agissant toujours préventivement et en n'attendant pas que les plantes soient contaminées pour les laver ou les tremper : le mal est bien plus facile à prévenir qu'à guérir.

Un amateur modeste, un petit cultivateur ne doit pas hésiter à faire la dépense très minime d'une bonne loupe, avec laquelle il se rendra compte de temps en temps de ce qui se passe sur les feuilles de ses plantes et à la moindre alerte il agira. S'il procède ainsi, il aura beaucoup de chance de faire cesser le mal immédiatement; mais s'il est négligent, s'il hésite, il le verra augmenter et quand il voudra agir il ne sera plus temps.

Notre chapitre est-il terminé? Non; il arrive parfois que d'autres ennemis qui ne sont pas de nature animale, mais cryptogamique, viennent ennuyer l'amateur. S'il voit une partie de sa plante se décomposer vivement et prendre l'aspect d'un fruit qui pourrit, qu'il la coupe avec un greffoir et cicatrise la plaie avec du charbon de bois pulvérisé.

Si avec ou sans la loupe il aperçoit certaines feuilles qui se tachent de sortes de macules auréolées, il est à présumer que ce sont des végétations parasites, mais dont l'inspection ne peut se faire qu'avec un bon microscope. Le mieux est de laver avec de l'eau de pluie dans laquelle on aura mis un milligramme de sulfate de cuivre pour un litre d'eau.

Ce procédé peu connu, et peut-être inconnu, nous a été recommandé par un chimiste des plus distingués ; nous le trouvons très efficace.

Il nous serait bien difficile de tout dire et de tout prévoir ; d'ailleurs le cultivateur à l'œil exercé sait voir mieux que celui qui n'a des plantes que pour sa simple distraction. Que les amateurs n'hésitent jamais à questionner et à se renseigner ; il n'est pas un horticulteur qui refusera de les mettre au courant et de leur donner les explications nécessaires concernant les divers petits inconvénients qui se présentent toujours dans n'importe quelle culture, si bien faite qu'elle soit.

CHAPITRE XVI

Contenant quelques conseils sur la manière de collectionner les Orchidées.

Ce livre s'adressant surtout aux personnes qui ne connaissent pas les Orchidées et qui n'en ont jamais acheté, nous espérons qu'on ne prendra pas en mauvaise part les conseils que nous nous permettons de donner touchant la manière de commencer une petite collection.

Nous avons parlé des plantes importées, et un chapitre est spécialement écrit pour expliquer la façon de les traiter ; cela indique bien que nous sommes tout à fait partisan de voir les amateurs et leurs jardiniers s'occuper de ce travail si intéressant et si plein d'enseignements et de surprises souvent fort agréables. Sans rien exagérer, il est évident que l'acheteur de plantes importées court de grandes chances pour trouver des Orchidées ayant quelquefois une valeur assez considérable ; les exemples ne manquent pas et nous pourrions citer bien des personnes ayant acheté deux ou trois plantes et qui se sont trouvées les heureux propriétaires d'une variété valant plusieurs milliers de

francs. Tout ce qui vient d'être dit est donc bien fait
pour encourager cette manière de procéder. Seulement qu'il nous soit permis, puisque nous avons pro-
noncé le mot de conseil, de donner celui de n'acheter les importations qu'à bonne saison ; et, lorsqu'elles
arrivent chez celui qui les a reçues, de ne choisir que
des sujets sains et dont les pousses ou yeux sont bien
préparés. Il vaut mieux payer un peu plus et avoir
des échantillons offrant toutes les chances de prompt
établissement, que des plantes maigres et sans ave-
nir ; ce que nous en disons, c'est pour éviter que dès
les premiers essais le futur amateur et son jardinier
soient déjà découragés. Que l'amateur ne se laisse
pas entraîner par les offres de certaines espèces sup-
posées merveilleuses et que tel ou tel navigateur
vient de rapporter avec lui. En général, les marins
sont les premiers trompés par les soi-disant collec-
teurs des pays tropicaux qui leur vantent leurs mar-
chandises et les chargent de mauvaises plantes que
les horticulteurs n'achètent pas. Il y a des quantités
d'espèces fort curieuses au point de vue botanique,
mais ne valant absolument rien pour l'objet qui nous
occupe ; il est d'ailleurs facile à toute personne qui
ne s'y connaît pas de se renseigner auprès d'un pra-
ticien toujours prêt à être agréable à un futur amateur.

La méthode à suivre pour acheter les Orchidées
établies est bien simple et pourtant nous devons re-
tracer les principaux points à envisager lorsqu'on

veut faire une acquisition. Un amateur commençant ou un jardinier devraient toujours, s'ils ne disposent que d'une petite serre, choisir des plantes pouvant y être cultivées avec des chances de succès; pour cela, rien de plus simple : qu'ils expliquent bien à l'horticulteur les conditions de leur serre, sa température, son exposition, et, en admettant qu'ils n'aient pas encore fait subir les petites modifications que nous avons indiquées, ils devront s'attacher à n'acheter que des plantes bien établies et de nature résistante. Dans tous les commencements de ce qui touche à l'art de la culture, n'y a-t-il rien de plus désobligeant, de plus décourageant même, que de voir les choses aller mal et ne pas donner de satisfaction?

C'est aussi la plupart du temps parce qu'on veut aller un peu vite; on se lance; il arrive quelques accrocs et voilà tout arrêté et parfois abandonné.

Quand le jardinier se sera fait la main avec quelques importations et une petite collection de bonnes Orchidées et qu'il aura bien fait connaissance avec ces jolies plantes, qui auparavant lui faisaient si peur, il n'hésitera plus à demander à son maître de lui en acheter d'autres. Rien n'est du reste plus agréable pour tous les horticulteurs en général que l'amateur qui procède ainsi et qui se monte petit à petit; il a toujours à acquérir telle plante ou telle autre qui lui manque; il a vu chez un ami une variété qu'il ne possède pas; il veut l'avoir et surtout plus belle si c'est possible.

5

Encore un point des plus intéressants et se rapportant au titre de notre chapitre que celui qui consiste à savoir discerner les bonnes plantes, mais qui demande un peu d'habitude, beaucoup de passion et la vue souvent répétée des belles et bonnes variétés. Tout cela se fait au fur et à mesure et c'est pourquoi nous nous sommes permis d'entrer dans tant de détails pour en arriver à une comparaison que nos lecteurs approuveront. Quelles que soient les choses qu'on veuille collectionner, il n'y a guère d'exemples qu'on le fasse avec profit si d'un seul coup on s'y livre corps et âme, et la lassitude est souvent le résultat d'un enthousiasme surchauffé, tandis que, au contraire, si on se trouve progressivement entraîné, séduit par les choses qu'on recherche, on y tient d'autant plus qu'on a eu le mal, non sans plaisir, de les réunir, et l'amour qu'on a pour sa collection s'en accroît tous les jours.

CHAPITRE XVII

Les Orchidées dans les appartements

Il est assez naturel que les personnes qui achètent des Orchidées soient bien aises d'en vouloir jouir ailleurs que dans leurs serres, elles se demandent donc si cela pourra se faire sans danger pour la santé de leurs plantes. Certains jardiniers très amoureux de leurs plantes, et nous ne saurions leur en faire un crime, s'opposent par tous les moyens possibles aux désirs des propriétaires, craignant de voir leurs collections détruites ou tout au moins compromises. Sans être aussi exclusif, nous n'avons pas les mêmes raisons, nous pensons qu'en choisissant certaines espèces et surtout en tenant compte de la saison, on pourra très bien orner les appartements avec ces plantes si bizarres, qui ne manqueront pas d'ajouter par leur aspect à la décoration élégante ou originale d'un salon.

Il importe seulement de faire remarquer que les espèces rustiques seules peuvent supporter pendant quelques jours l'atmosphère des appartements, et qu'il faudra toujours les soustraire au changement de températures brusques et à la poussière. En général, une Orchidée apportée au salon devra être modérément mouillée et ses feuilles lavées tous les jours, elle devra être p'acée en pleine lumière, et quand les domestiques feront les appartements le matin, ouvriront les fenêtres, etc., elle devra être placée dans une autre pièce; c'est donc dire qu'un peu de surveillance de la part du propriétaire ne sera pas de trop, certaines parties des appartements sont excellentes en belle saison, c'est-à-dire d'avril à septembre pour conserver longtemps en fleur des variétés qu'on veut garder, soit pour une exposition ou pour tout autre motif. L'air un peu sec a la faculté d'empêcher la fleur d'avancer, et on a vu des amateurs prolonger ainsi la floraison de certaines espèces telles que les Odontoglossum, par exemple, pendant un mois et plus.

Comme complément à ce court chapitre, nous croyons devoir dire que, lorsqu'on tient à une plante, il ne faut pas lui laisser ses fleurs très longtemps; il est assez difficile de déterminer la période qui doit s'écouler entre l'épanouissement des fleurs et le moment où l'on doit les couper; mais, en réalité, il nous semble que, en fixant une limite, nous dépasserions le but et nous laissons à nos lecteurs le soin d'apprécier l'état de leur plante et la fraîcheur de ses fleurs.

Il résulte de ce qui précède que, si les Orchidées fournissent aux appartements un appoint de décoration exquise, il fau en user avec discrétion, et puisque, en coupant les fleurs, on favorise la végétation future des plantes, qu'on n'hésite pas à jouir ainsi du produit de sa culture ; ces fleurs ont le rare privilège de durer des semaines entières très fraîches, si on a eu le soin de les couper bien épanouies et de les soustraire, une fois placées dans les appartements, aux mêmes petits inconvénients que nous avons signalés pour les plantes.

CHAPITRE XVIII

Contenant quelques explications nécessaires sur les listes d'Orchidées que nous donnons plus loin.

Nous ne résistons pas au désir de donner quelques explications sur les listes que nous publions et sur la façon dont nous les avons composées. Nous nous sommes efforcé de chercher les espèces les plus rustiques et les plus faciles à cultiver ; mais nous ne prétendons pas cependant imposer ici notre volonté ni notre façon de voir d'une manière absolue, car telle plante, qui nous a paru un peu capricieuse, peut parfaitement être tenue pour facile par certains cultivateurs. Telle autre que nous faisons figurer dans nos listes aura pu susciter des ennuis à quelques horticulteurs. Donc il est entendu que nous n'imposons rien, nous nous contentons de signaler un nombre limité de plantes de prix abordable et qui nous ont paru cultivables par les amateurs inexpérimentés. Il convient d'ajouter que nous avons dressé de ces plantes un tableau dans lequel nous nous efforçons de donner les renseignements les plus essentiels, sans toutefois avoir la prétention de les ériger en axiomes, car, avec les plantes, on ne peut jamais dire les choses d'une façon absolue et il faut toujours laisser au lecteur le soin de suppléer par lui-même, par sa propre initiative, par son observation, aux indications qu'on lui fournit.

Nous prions donc en grâce de ne pas s'arrêter d'une façon complète à nos indications et de consulter les chapitres spéciaux qui traitent des différentes opérations relatives à la culture proprement dite.

Nous terminerons en renvoyant le lecteur au chapitre XVI qui traite de la manière d'opérer pour augmenter sa collection, espérant qu'il y puisera des conseils qui lui apprendront rapidement à connaître les bonnes plantes, lesquelles sont excessivement nombreuses. Il suffit de jeter un coup d'œil sur les catalogues marchands pour être convaincu que le choix ne manque pas. La liste que nous donnons ici n'est qu'une très faible partie des belles variétés que renferme cette admirable famille des Orchidées, la plus merveilleuse, la plus extraordinaire, la plus séduisante de toutes les familles de plantes que la nature, pourtant si généreuse, ait jamais mises à la portée de l'homme. A moins d'être indifférent à tout, il est impossible de n'en être pas frappé et ceux qui en sont enthousiastes forment déjà légion ; que sera-ce plus tard quand, à côté des grands collectionneurs, toute une pléiade d'amateurs se sera formée?

Si nous avons pu y contribuer, pour si peu que ce soit, nous nous trouverons largement payé de la peine que nous aura donnée ce petit livre pour lequel nous demandons simplement l'indulgence du lecteur et son accueil bienveillant.

ORCHIDÉES

NOMS DES PLANTES	PÉRIODE DE VÉGÉTATION	PÉRIODE DE REPOS	ÉPOQUE DE FLORAISON	PAYS D'ORIGINE	DÉSIGNATION DES SERRES
Choix d'Orchidées d'une culture réputée facile.					
ADA AURANTICA Fleurs rouge-orange en épis.	Novembre à avril.	Mai à octobre.	Janvier à mars.	Andes colombiennes.	Serre froide.
ANGRAECUM SESQUIPEDALE Grande fleur blanche en triangle munie d'un long éperon.	Végétation presque continue.		Janvier à mai.	Madagascar.	Serre chaude.
ANGULOA CLOVESI Fleur en forme de berceau, d'un jaune superbe.	Mai à août.	Septembre à mai.	Mai, avec la pousse nouvelle.	Colombie.	Serre tempérée.
BURLINGTONIA CANDIDA Jolies fleurs blanches en grappes.	Mai à septembre.	Octobre à mai.	Août-septembre.	Brésil.	Serre chaude.
LYCASTE SKINNEBI Fleur rose ou rosé à labelle pourpre, il y a une variété à fleurs blanches.	Juin à mars.	Mars à juin.	Mars-Avril.	Guatémala.	Serre tempérée.
MASDEVALLIA HARRYANA Fleur très curieuse, laque solférino.	Végétation constante.		Avril-mai-juin.	Colombie.	Serre froide.
MASDEVALLIA LINDENI Fleur semblable au précédent coloris plus clair.	Végétation constante.		Avril-mai-juin.	Colombie.	Serre froide.
MASDEVALLIA VEITCHI Fleur rouge-orange avec reflets violacés.	Végétation constante.		Avril-mai-juin.	Colombie.	Serre froide.
MASDEVALLIA SHUTTLEWORTHII Mignonnes petites fleurs roses.	Végétation constante.		Avril-mai-juin.	Colombie.	Serre froide.
MILTONIA CLOVESI Labelle blanc, sépales et pétales jaunes rayés de brun.	Juin à octobre.	Octobre à juin.	Septembre.	Brésil.	Serre tempérée.

73

NOMS DES PLANTES	PÉRIODE DE VÉGÉTATION	PÉRIODE DE REPOS	ÉPOQUE DE FLORAISON	PAYS D'ORIGINE	DÉSIGNATION DES SERRES
MILTONIA MORELLIANA Fleurs grandes, violet foncé, labelle pourpre.	Mai à octobre.	Octobre à juin.	Septemb.-octobre	Brésil.	Serre tempérée.
ODONTOGLOSSUM CRISPUM (Alexandræ) Fleurs blanches ou plus ou moins coloriées, maculées ou non en forme d'étoile.	Végétation presque constante.	Très peu accentuée après la floraison.	A peu près en toute saison, mais principalement en avril-mai-juin.	Colombie.	Serre froide.
ODONTOGLOSSUM CITROSMUM Fleurs moyennes, blanches ou rosées, en grappes.	Mars à septembre.	Septembre à mars; repos très accentué.	Avril-mai.	Mexique.	Serre tempérée.
ODONTOGLOSSUM GLORIOSUM Petites fleurs jaunes-verdâtres plus ou moins maculées.	Végétation constante.		De novembre à mai.	Ocanâ.	Serre froide.
ODONTOGLOSSUM GRANDE Grandes fleurs jaunes marbrées de grandes taches brunes.	Mars à octobre.	Octobre à mars.	Septemb.-octobre	Guatémala.	Serre tempérée.
ODONTOGLOSSUM HARRYANUM Fleur de couleur verdâtre, rayée de brun, labelle blanc finement rayé de violet.	Végétation constante.		Mai-juin.	Paraguay.	Serre froide.
ODONTOGLOSSUM LUTEO PURPUREUM Grandes fleurs en étoiles jaunes rayées de brun.	Végétation constante.	Légère après la floraison.	Mars-avril-mai.	Colombie.	Partie la plus chaude de la serre froide.
ODONTOGLOSSUM PESCATOREI Fleurs en étoiles blanches ou colorées, quelquefois maculées.	Végétation constante.	Légère après la floraison.	A peu près en toute saison, principalement en février, mars, avril et mai.	Colombie.	Serre froide.
ODONTOGLOSSUM SCHLIPERIANUM Fleurs jaunes rayées de brun.	Mai à octobre.	Octobre à mai.	Mai c'est ce qui marque la végétation.	Costa Rica.	Serre tempérée.

NOMS DES PLANTES	PÉRIODE DE VÉGÉTATION	PÉRIODE DE REPOS	ÉPOQUE DE FLORAISON	PAYS D'ORIGINE	DÉSIGNATION DES SERRES
ODONTOGLOSSUM ROSSI-MAJUS Fleurs moyennes blanches, maculées de brun jaunâtre ou de pourpre.	Presque constante.		Principalement de janvier à avril.	Mexique.	Serre froide.
ODONTOGLOSSUM TRIUMPHANS Fleurs jaunes rayées de brun.	Végétation constante.		De mars à mai.	Colombie.	Serre froide.
ONCIDIUM HARRISSONI Petites fleurs jaunes très abondantes.	Mars à juin.	Juillet à février.	Mai-juin.	Brésil.	Serre tempérée.
ONCIDIUM CAVENDISTRIANUM Fleurs jaunes tigrées très curieuses.	Mai à décembre.	Janvier à mai.	Décembre.	Guatémala.	Serre chaude.
ONCIDIUM PAPILIO Fleurs curieuses jaune d'or marbré de brun, ressemblant à un papillon.	Janvier à juin.	Juin à janvier.	Presque constante.	Panama.	Serre chaude.
ONCIDIUM KRAMERI Mêmes fleurs que le précédent, plus jolies encore.	Même époque.	Même époque.	id.	Panama.	Serre chaude.
ONCIDIUM PULVINATUM Longues grappes de petites fleurs jaune d'or.	Juillet à décembre	Décembre à juillet peu accentuée.	Novembre-décembre.	Brésil.	Serre tempérée.
ONCIDIUM ROGERSI OU VARICOSUM Fleurs du plus beau jaune en longues grappes.	Avril à septembre.	Septembre à mars	Septembre-octobre-novembre.	Brésil.	Serre froide.
TRICOPILIA SUAVIS Fleurs blanches mouchetées de rose.	Juillet à octobre.	Novembre à juin.	Septembre.	Costa Rica.	Serre tempérée.
VANDA TRICOLOR Belles fleurs en grappes roses ou blanchâtres, maculées plus ou moins.	Presque constante.	Peu d'eau en hiver.	Mai-juin.	Java.	Serre chaude.

NOMS DES PLANTES	PÉRIODE DE VÉGÉTATION	PÉRIODE DE REPOS	ÉPOQUE DE FLORAISON	PAYS D'ORIGINE	DÉSIGNATION DES SERRES
VANDA KIMBALIANA Fleurs roses ou blanchâtres à labelle pourpre en grappes élégantes.	Mars à mai, juin.	Octobre à février.	Août-septembre.	Inconnue.	Serre chaude.
ZYGOPETALUM MAKAYI Fleurs verdâtres rayées de brun, labelle lilas rayé de violet.	Septembre à février.	Février à août.	Janvier-février.	Brésil.	Serre chaude.

CATTLEYA

Nous diviserons les Cattleyas en deux catégories :

Ceux dits à longs bulbes, ceux dits à bulbes courts, faisant observer que les espèces à bulbes longs ont souvent deux végétations, qu'ils aiment la chaleur et l'humidité dans leur période de végétation ; les espèces à bulbes courts ont généralement des fleurs grandes, réunies en paires ou plus. Ceux à bulbes longs ont des fleurs en grappes ou bouquets dressés, plus ou moins compactes.

Cattleya à bulbes longs.

NOMS DES PLANTES	PÉRIODE DE VÉGÉTATION	PÉRIODE DE REPOS	ÉPOQUE DE FLORAISON	PAYS D'ORIGINE	DÉSIGNATION DES SERRES
CATTLEYA BICOLOR Fleurs vertes ou jaune verdâtre, labelle pourpre très brillant.	Mai, août.	Septembre à avril.	Juillet.	Brésil.	Serre chaude.
CATTLEYA BOWRINGIANA Bulbes longs très forts, fleurs mauves en fortes grappes.	Mars à octobre.	Novembre à mars.	Septemb.-octobre	Amérique centrale.	Serre tempérée.
CATTLEYA HARRISONIANA Fleurs mauves de grandeur moyenne.	1re végétation, de mars à mai ; 2e végétation, de juillet à octobre.	1re époque de repos, mai à juillet; 2e époque, d'octobre à mars	1re floraison, mai-juin ; 2e floraison, septembre.	Brésil.	Serre tempérée.
CATTLEYA LODDIGESI Fleurs semblables à celles du précédent.	id.	Id.	id.	Brésil.	Serre tempérée.

NOMS DES PLANTES	PÉRIODE DE VÉGÉTATION	PÉRIODE DE REPOS	ÉPOQUE DE FLORAISON	PAYS D'ORIGINE	DÉSIGNATION DES SERRES
CATTLEYA LEOPOLDI Fleurs très variées de couleurs allant du jaune verdâtre au rose brunâtre.	Mai à août (Ces plantes ont souvent deux végétations).	Octobre à janvier.	Août-octobre.	Brésil.	Serre chaude.

Cattleya dits à bulbes courts (Labiata).

NOMS DES PLANTES	PÉRIODE DE VÉGÉTATION	PÉRIODE DE REPOS	ÉPOQUE DE FLORAISON	PAYS D'ORIGINE	DÉSIGNATION DES SERRES
CATTLEYA GASTKELIANA Grandes fleurs mauves à laballe plus ou moins foncé.	Mai à septembre.	Octobre à mai.	Juillet-août.	Vénézuela.	Serre chaude.
CATTLEYA GIGAS Fleur énorme mauve à labelle très grand, pourpre foncé.	Février à septembre.	Septembre à février.	Juin-Juillet-août.	Colombie.	Serre chaude.
CATTLEYA LABIATA AUTUMNALIS SYNON. **LABIATA VERA, SYNON. WAROCQUEANA** Fleurs grandes mauves à labelle plus ou moins foncé.	Avril à octobre.	Octob.-novembre à février.	De septembre à Janvier.	Brésil.	Serre chaude.
CATTLEYA MENDELI Fleurs grandes blanches ou colorées, labelle pourpre plus ou moins foncé, à gorge plus ou moins jaune.	Avril à septembre.	Octobre à avril.	Mai-juin.	Nouvelle Grenade.	Serre chaude.
CATTLEYA MOSSIAE Fleurs grandes d'une couleur mauve plus ou moins intense, labelle souvent très richement pourpré. Gorge plus ou moins dorée. Il existe des variétés à fleurs blanches admirables.	Mars à septembre.	Octobre à mars.	Mai-juin.	Vénézuela.	Serre chaude.
CATTLEYA TRIANAE Le rival du pécédent comme beauté, fleurs allant du blanc au pourpre. Labelle foncé ou très foncé.	Décembre à octobre	Octobre à décembre.	Janvier à mars.	Bogota.	Serre chaude.

NOMS DES PLANTES	PÉRIODE DE VÉGÉTATION	PÉRIODE DE REPOS	ÉPOQUE DE FLORAISON	PAYS D'ORIGINE	DÉSIGNATION DES SERRES
CATTLEYA WARNERI Très grandes fleurs mauves et large labelle pourpre.	Février à juin.	Juin à février.	Mars-avril-mai.	Brésil.	Serre chaude.
COELOGINE CRISTATA Fleurs blanc pur en grappes élégantes.	Février à août.	Août à février.	Février.	Népaul.	Serre froide.
DENDROBIUM DENSIFLORUM Fleurs petites d'un beau jaune doré en grappes pendantes.	Juillet à septembre.	Septembre à juin.	Mai.	Indes orientales.	Serre chaude dans la période de végétation; serre froide dans la période de repos.
DENDROBIUM NOBILE Fleurs moyennes mauves à cœur d'or, réunies sur les tiges par groupe de 3 ou 5.	Février à septembre.	Septembre à février.	Mars.	Assam.	Idem.
DENDROBIUM WARDIANUM Fleurs grandes mauves ou blanchâtres, labelle jaune et pourpre.	Février à septembre.	Septembre à janvier.	Mars.	Assam.	Idem.
DENDROBIUM THYSIFLORUM Fleurs blanches à labelle jaune, réunies en grappes pendantes.	Juillet à septembre.	Septembre à juin.	Mai.	Indes orientales.	Idem.

NOMS DES PLANTES	PÉRIODE DE VÉGÉTATION	PÉRIODE DE REPOS	ÉPOQUE DE FLORAISON	PAYS D'ORIGINE	DÉSIGNATION DES SERRES

LŒLIAS

Les Lœlias se divisent, comme les Cattleyas, en espèces à bulbes longs et à bulbes courts.

Lœlia à bulbes longs.

NOMS DES PLANTES	PÉRIODE DE VÉGÉTATION	PÉRIODE DE REPOS	ÉPOQUE DE FLORAISON	PAYS D'ORIGINE	DÉSIGNATION DES SERRES
LŒLIA PERINI Fleurs purpurines à labelle foncé.	Mars à octobre.	Octobre à mars.	Septembre.	Brésil.	Serre tempérée.
LOELIA PURPURATA Très belles fleurs grandes blanches ou lilacées, à labelle plus ou moins foncé.	Juin à septembre.	Septembre à mai.	Mai, juin.	Brésil.	Serre chaude.
LOELIA TENEBROSA Fleurs vieil or, labelle pourpre foncé.	Juin à septembre.	Septembre à mai.	Mai, juin.	Brésil.	Serre chaude.

Lœlia à bulbes courts.

NOMS DES PLANTES	PÉRIODE DE VÉGÉTATION	PÉRIODE DE REPOS	ÉPOQUE DE FLORAISON	PAYS D'ORIGINE	DÉSIGNATION DES SERRES
LOELIA AUTUMNALIS Fleurs pourpres à labelle très foncé.	Avril à septembre.	Novembre à avril.	Novembre-décembre.	Mexique.	Serre tempérée.
LOELIA ANCEPS Fleurs moyennes lilas à labelle pourpre, variété de fleurs blanches.	Mars à septembre.	Octobre à mars.	Novembre-décembre.	Mexique.	Serre tempérée.
LŒLIA PINELLI Fleurs petites pourpre ou lilas clair, labelle violet foncé.	Mars à novembre	Octobre à mars.	Septembre à novembre.	Brésil.	Serre tempérée.

CYPRIPEDIUM

On divise les Cypripedium en espèces à feuillages verts et à feuillages ornés. Ces derniers demandent la place la plus ombrée, car ils redoutent les rayons directs du soleil ; ceux à feuillages verts et longs (Selenipedium) aiment l'eau et un rempotage un peu généreux.

Cypripedium à feuillage marbré orné ou tesselé.

CYPRIPEDIUM	PAYS D'ORIGINE	EPOQUE DE FLORAISON	EPOQUE DE REMPOTAGE	SERRES où doivent être cultivées LES CYPRIPEDIUM
BARBATUM......................	Mont Ophir.	De novembre à mai.	Après la floraison.	Serre tempérée.
CALLOSUM......................	Siam.	En hiver.	Id.	Serre chaude.
DAUTHIERI.....................	Hybride.	Novemb.-décembre.	Id.	Serre tempérée.
DAYANUM	Bornéo.	Fin hiver.	Id.	Serre chaude.
HARRISIANUM...................	Hybride.	D'octobre à janvier.	Id.	Serre tempérée.
LAWRENCEANUM	Bornéo.	De janvier à mai.	Id.	Serre chaude.
OENANTHUM.....................	Hybride.	Au printemps.	Id.	Serre chaude.
SELLIGERUM	Hybride.	Au printemps.	Id.	Serre chaude.
SUPERCILIARE.................	Hybride.	En hiver.	Id.	Serre chaude.
SUPERBIENS...................	Java.	Février-mars.	Id.	Serre chaude.
VENUSTUM	Nepaul.	En hiver.	Id.	Serre tempérée.
SWANIANUM	Hybride.	En hiver.	Id.	Serre chaude.

CYPRIPEDIUM	PAYS D'ORIGINE	ÉPOQUE DE FLORAISON	ÉPOQUE DE REMPOTAGE	SERRES où doivent être cultivées LES CYPRIPEDIUM
Cypripedium à feuillage vert.				
ASHBURTONIÆ	Hybride.	En hiver.	Après floraison.	Serre tempérée.
BOXALLI......	Birmanie.	En hiver.	Après floraison.	Serre tempérée.
CROSSIANUM	Hybride.	En hiver.	Après floraison.	Serre tempérée.
INSIGNE	Népaul.	En hiver.	Après floraison.	Serre froide.
Variété CHANTINI..	Id.	Id.	Id.	Id.
Variété MONTANUM...............	Id.	Id.	Id.	Id.
LEANUM........................	Hybride.	Id.	Id.	Serre tempérée.
LEANUM SUPERBUM...............	Id.	Id.	Id.	Id.
LOWI	Bornéo.	Id.	Id.	Serre chaude.
NITENS	Hybride.	Id.	Id.	Serre tempérée.
SPICERIANUM....................	Indes orientales.	Id.	Id.	Serre tempérée.
VILLOSUM........................	Moulmein.	Id.	Id.	Serre tempérée.
SELINIPEDIUM				
CALLURUM.......................	Hybride.	En hiver.	Après floraison.	Serre tempérée.
CAUDATUM.......................	Chiriqui.	Mai.	Après floraison.	Serre chaude.
GRANDE........................	Hybride.	Mai.	Après floraison.	Serre chaude.
LONGIFOLIUM	Costa-Rica.	En hiver.	Après floraison.	Serre tempérée.
SEDENI........................	Hybride.	En hiver.	Après floraison.	Serre tempérée.
SEDENI CANDIDULUM ..., ...	Id.	Id.	Id.	Id.

TABLE DES MATIÈRES

Versailles. — Imprimerie Vᵉ E. Aubert.

www.ingramcontent.com/pod-product-compliance
Lightning Source LLC
Chambersburg PA
CBHW050601210326
41521CB00008B/1065